rowohlts monographien
begründet von Kurt Kusenberg
herausgegeben
von Wolfgang Müller

Galileo Galilei

mit Selbstzeugnissen
und Bilddokumenten
dargestellt von
Johannes Hemleben

Rowohlt

Dieser Band wurde eigens für «rowohlts monographien» geschrieben
Den Anhang besorgte der Autor
Die Bibliographie wurde 1991 von Mechthild Lemcke überarbeitet und ergänzt
Herausgeber: Kurt Kusenberg · Redaktion: Beate Möhring
Umschlaggestaltung: Werner Rebhuhn
Vorderseite: Galileo Galilei. Gemälde von J. Sustermans. Rom, 1627.
Florenz, Uffizien
Rückseite: Pisa. Der schiefe Turm (Rowohlt Archiv)

Veröffentlicht im Rowohlt Taschenbuch Verlag GmbH,
Reinbek bei Hamburg, September 1969
Copyright © 1969 by Rowohlt Taschenbuch Verlag GmbH,
Reinbek bei Hamburg
Alle Rechte an dieser Ausgabe vorbehalten
Gesetzt aus der Linotype-Aldus-Buchschrift
und der Palatino (D. Stempel AG)
Gesamtherstellung Clausen & Bosse, Leck
Printed in Germany
1290-ISBN 3 499 50156 2

14. Auflage. 58.–60. Tausend Juli 1994

Inhalt

Einleitung 7
Kindheit und Jugend 14
Pisa (1589–1592) 24
Padua (1592–1610) 31
Die Erfindung des Fernrohres 43
Florenz (1610–1642) 52
Rom-Reise (Ende März bis Ende Mai 1611) 64
Der Streit mit den Peripatetikern 71
Die Sonnenflecken (1613) 77
Die Kämpfe um den Kopernikanismus (1612–1616) 80
Galilei erneut in Rom (November 1615 bis Juni 1616) 94
Das Nachspiel 97
Il Saggiatore (1623) 99
Der Dialog über die beiden Weltsysteme (1632) 108
Der Prozeß (1632–1633) 118
Ausklang (1633–1642) 132
Schlußbetrachtung 154

Anmerkungen 159
Zeittafel 163
Zeugnisse 168
Bibliographie 173
Namenregister 178
Über den Autor 182
Quellennachweis der Abbildungen 182

Galilei. Terrakotta-Büste. Anonyme Plastik, 17. Jahrhundert

EINLEITUNG

*Ich, Galileo, Sohn des Vinzenz Galilei aus Florenz, siebzig Jahre alt,
stand persönlich vor Gericht und ich knie vor Euch Eminenzen, die
Ihr in der ganzen Christenheit die Inquisitoren gegen die ketzerische
Verworfenheit seid. Ich habe vor mir die heiligen Evangelien, berühre sie mit der Hand und schwöre, daß ich immer geglaubt habe,
auch jetzt glaube und mit Gottes Hilfe auch in Zukunft glauben
werde, alles was die heilige katholische und apostolische Kirche für
wahr hält, predigt und lehrt. Es war mir von diesem Heiligen Offizium von Rechts wegen die Vorschrift auferlegt worden, daß ich
völlig die falsche Meinung aufgeben müsse, daß die Sonne der Mittelpunkt der Welt ist, und daß sie sich nicht bewegt, und daß die
Erde nicht der Mittelpunkt der Welt ist, und daß sie sich bewegt. Es
war mir weiter befohlen worden, daß ich diese falsche Lehre nicht
vertreten dürfe, sie nicht verteidigen dürfe und daß ich sie in keiner Weise lehren dürfe, weder in Wort noch in Schrift. Es war mir
auch erklärt worden, daß jene Lehre der Heiligen Schrift zuwider sei.
Trotzdem habe ich ein Buch geschrieben und zum Druck gebracht, in
dem ich jene bereits verurteilte Lehre behandele und in dem ich mit
viel Geschick Gründe zugunsten derselben beibringe, ohne jedoch zu
irgendeiner Entscheidung zu gelangen. Daher bin ich der Ketzerei in
hohem Maße verdächtig befunden worden, darin bestehend, daß ich
die Meinung vertreten und geglaubt habe, daß die Sonne Mittelpunkt der Welt und unbeweglich ist, und daß die Erde nicht Mittelpunkt ist und sich bewegt. Ich möchte mich nun vor Euren Eminenzen und vor jedem gläubigen Christen von jenem schweren Verdacht,
den ich gerade näher bezeichnete, reinigen. Daher schwöre ich mit
aufrichtigem Sinn und ohne Heuchelei ab, verwünsche und verflu-
che jene Irrtümer und Ketzereien und darüber hinaus ganz allgemein
jeden irgendwie gearteten Irrtum, Ketzerei oder Sektiererei, die der
Heiligen Kirche entgegen ist. Ich schwöre, daß ich in Zukunft weder
in Wort noch in Schrift etwas verkünden werde, das mich in einen
solchen Verdacht bringen könnte. Wenn ich aber einen Ketzer kenne, oder jemanden der Ketzerei verdächtig weiß, so werde ich ihn diesem Heiligen Offizium anzeigen oder ihn dem Inquisitor oder der
kirchlichen Behörde meines Aufenthaltsortes angeben.[1]**

*Ich schwöre auch, daß ich alle Bußen, die mir das Heilige Offi-
zium auferlegt hat oder noch auferlegen wird, genauestens beachten
und erfüllen werde. Sollte ich irgendeinem meiner Versprechen und
Eide, was Gott verhüten möge, zuwiderhandeln, so unterwerfe ich*

---

* Die hochgestellten Ziffern verweisen auf die Anmerkungen S. 159 f.

Die Kirche Santa Maria sopra Minerva in Rom

mich allen Strafen und Züchtigungen, die das kanonische Recht und andere allgemeine und besondere einschlägige Bestimmungen gegen solche Sünder festsetzen und verkünden. Daß Gott mir helfe und seine heiligen Evangelien, die ich mit den Händen berühre.

Ich, Galileo Galilei, habe abgeschworen, geschworen, versprochen und mich verpflichtet, wie ich eben näher ausführte. Zum Zeugnis der Wahrheit habe ich diese Urkunde meines Abschwörens eigenhändig unterschrieben und sie Wort für Wort verlesen, in Rom im Kloster der Minerva am 22. Juni 1633. Ich, Galileo Galilei, habe abgeschworen und eigenhändig unterzeichnet.[2]

Dort, wo Giordano Bruno 33 Jahre zuvor im Büßerhemd kniend sein Todesurteil entgegennahm, im Festsaal des römischen Klosters St. Maria sopra Minerva, hat Galileo Galilei diesen Meineid geschworen. In der gleichen Situation wie Galilei war Bruno nicht bereit gewesen, seine Anschauungen von Welt, Erde und Mensch als Ketzerei zu bekennen und abzuleugnen. Vielmehr schleuderte er seinen Richtern den Satz entgegen: «Mit größerer Furcht verkündet ihr vielleicht das Urteil gegen mich, als ich es entgegennehme» und bestieg den Scheiterhaufen, auf dem er – «im Namen Christi» – lebendigen Leibes verbrannt wurde.

Galilei ließ das Urteil der «Heiligen Offizien», das seinem Schwur folgte, über sich ergehen. War es für den Greis auch hart – er hatte sich so verhalten, daß er mit dem Leben davonkam. Er war sich klar darüber, daß sich auch seine Richter, die ihn zu diesem Fehlschwur gezwungen hatten, der Verlogenheit der Situation bewußt waren. Niemand im Raum, in dem das Inquisitionsgericht tagte, konnte ehrlicherweise der Meinung sein, daß Galileo Galilei *immer geglaubt habe, auch jetzt glaube und ... in Zukunft glauben werde*, daß die Erde im Weltall feststeht und Sonne, Mond und Sterne sich um sie als ihren Mittelpunkt bewegen. Alle Beteiligten wußten, daß dieser Schwur eine einzige Lüge war. Aber die moralische Korruption, in der sich das sogenannte «Heilige Offizium» zu Anfang des 17. Jahrhunderts befand, überwand alle Gewissensregungen bei Klägern und Angeklagtem. Man hatte sich längst an solche unwahren Situationen gewöhnt. Solange von Menschen zugelassen wird, daß Machtimpulse die Rechtsfindung und Rechtsprechung verfälschen, wird es auch weiterhin solche für das menschliche Gewissen unerträglichen Prozesse geben. Darum kann es heute auch nicht um eine «Rehabilitierung Galileis» gehen, wie es im Sommer 1968 der Wiener Kardinal König forderte. Ein Schandurteil, das vollstreckt wurde, kann nach Jahrhunderten nicht annulliert werden. Der Freispruch einer Institution, die sich durch ein Fehlurteil schuldig machte, ist sinnlos und irreal. Wohl aber lohnt es sich, ein Ereignis, wie es der «Fall Galilei» ist, gründlich zu studieren, um die wahren Fehlerquellen aufzufinden und daraus für die Zukunft zu lernen.

Im «Fall Galilei» ging und geht es nicht in erster Linie um die Erkenntnisfrage, welche Stellung die Erde im Weltall einnimmt, sondern um das vom Lehramt der Kirche in Anspruch genommene Recht, über Wahrheit und Irrtum verbindlich für alle Gläubigen zu entscheiden. Unter dem Vorwand, Hüter der einen Wahrheit zu sein, wurden im Namen des Christentums von der offiziellen Führung der Kirchen Verbrechen begangen, die zur Ausrottung oder Ausschaltung von Personen führten, deren Rechtgläubigkeit bezweifelt wurde.

Das Urchristentum lebte aus der Kraft des Märtyrertums. Der Sieg der Christen über die «Heiden» ist vor allem den Blutzeugen der ersten Jahrhunderte zu verdanken. Sie starben für ihre Überzeugung und machten dadurch das Christentum glaubwürdig.

Als die Christen begannen, die Methoden ihrer Feinde in den eigenen Reihen anzuwenden, fingen sie an, ihre Glaubwürdigkeit zu mindern. Das Bemühen der Kirchenführung um eine möglichst einheitliche Lehre ist teuer, zu teuer bezahlt worden. Von den Anprangerungen gnostischer Sektierer, über die Bekämpfung der Arianer und Pelagianer, der Katharer und Waldenser bis zur Ermordung von Jan Hus, Girolamo Savonarola, Miguel Servet, Giordano Bru-

Die Verbrennung Savonarolas. Zeitgenössisches Gemälde. Museo di San Marco, Florenz

no und ungezählter anderer Überzeugungsmärtyrer reicht der Schuldweg der christlichen Kirchen. Durch nichts hat das Christentum sich selbst, seiner eigenen Substanz nach so verraten und geschädigt wie mit den von der Inquisition entfesselten Verfolgungen, Folterungen und grausamen Hinrichtungen von Tausenden christlicher Menschen. Der Verdacht allein, ein Häretiker, ein Ketzer zu sein, genügte zu gewissen Zeiten, schlimmste Folterungen erdulden zu müssen. Mit Recht sagt Walter Nigg in seinem «Buch der Ketzer»: «An Stelle der schweigenden Vertuschung, wie der moralischen Anklage, hat das Bewußtsein der Schuld zu treten, welche durch die Inquisition die gesamte Christenheit auf sich geladen hat, eine Sicht, die allein der religiösen Betrachtung des Problems entspricht. Da der Ketzerprozeß nicht eine Erscheinung ist, welche bloß einer Konfession bekannt ist, muß von einer Schuld der ganzen Christenheit gesprochen werden.»

Der «Fall Galilei» hat das Positive für sich, daß er, obwohl seine Dokumentation nicht vollständig ist, dennoch in allen wesentlichen Vorgängen heute verhältnismäßig gut über- und durchschaubar ist.

Zu den echten Märtyrern gehört Galilei nicht. Zwar wurde er von der Inquisition verfolgt, hat erhebliche Unbill um seiner Anschauungen willen auf sich nehmen müssen, aber er war nicht bereit, für seine Gedanken und Ideen zu sterben. Er wurde zum Verfolgten wider Willen. Indem er seine Gedankenwelt verleugnete, gelang es ihm, sein Leben zu retten und nach seiner Verurteilung noch neun Jahre in der Stille seines Exils vor den Toren von Florenz seine Arbeiten fortzusetzen und «illegale» Verbindungen – vor allem mit Forschern und Verlegern im Ausland – aufrechtzuerhalten.

In Wirklichkeit war der «Prozeß Galilei», soweit er die Lehre von der Bewegung der Erde um die eigene Achse und um die Sonne betraf, schon seinerzeit ein Atavismus. Das Lehramt der Kirche hät-

te den Kampf bereits 70 Jahre früher, sofort nach Erscheinen des Buches ihres Domherrn zu Frauenburg, gegen Nikolaus Kopernikus eröffnen müssen. Allerdings hätte man Kopernikus als Angeklagten persönlich nicht mehr vor die Schranken des Inquisitionsgerichtes zitieren können, denn er starb an dem Tage, da er zum erstenmal sein Lebenswerk gedruckt in Händen hielt. Er hatte vorausgesehen, welchen Wirbel die von ihm verkündete Anschauung in den Gemütern der im Traditionellen lebenden und denkenden Kirchenleitung und des Kirchenvolkes hervorrufen würde. So zögerte er die Veröffentlichung seines Werkes, das – nach seinen eigenen Worten – bei ihm «nicht neun Jahre nur, sondern bereits in das vierte Jahrzehnt

Giordano Bruno auf dem Scheiterhaufen. Relief am Bruno-Denkmal auf dem Campo dei Fiori, Rom

hinein verborgen gelegen hatte», heraus. Zuvor aber hatte er das Klügste getan, was ihm seinerzeit zu tun möglich war: er widmete sein Buch dem Papst Paul III. Damit erreichte er, daß sein Werk, wenn auch nur von wenigen gelesen, überdauerte.

Und warum kam es erst 1633 zum Skandal? Warum mußte Galilei dafür herhalten, daß er Gedanken für wahr hielt, die auch von anderen Zeitgenossen anerkannt wurden? Die Antwort läßt sich klar und unmißverständlich geben. Galileo Galilei war als Mensch und Forscher d i e repräsentative Persönlichkeit für den von der naturwissenschaftlichen Forschungsmethode ergriffenen neuzeitlichen Menschen. Kopernikus hatte sein Weltbild noch primär durch Denken und nicht durch Beobachtung gefunden. Seine Seelenhaltung, auch im Forschen, war der im Mittelalter geübten und herrschenden Scholastik verwandt. Erst in Galilei trat der Mensch auf den Plan, der dem Denken die Sinnesbeobachtung v o r a u s gehen läßt. An die Stelle der Offenbarung durch die heiligen Schriften und die Lehre der

Kirchenväter gilt für diesen neuen Menschentyp als Objekt der Erkenntnis die offenbare Natur, soweit sie der menschlichen Sinnesorganisation und ihren Hilfsmitteln, wie dem Fernrohr, zugänglich ist. Es sind letztlich nicht die Resultate der physikalischen oder astronomischen Forschung, die Galilei auf die Anklagebank gebracht haben, sondern die von ihm geübte M e t h o d e der Forschung und die damit verbundene totale Umstellung der Verhaltensweise des Menschen der Welt gegenüber. Hatte das Mittelalter unter der eindeutigen Führung und Autorität des kirchlichen Lehramtes die

Nikolaus Kopernikus. Zeitgenössisches Gemälde. Universitätsbibliothek, Leipzig

Gläubigen gelehrt, die Welt von Gott her zu denken und entsprechend von Gott her zu handeln, stand in Galilei der neue Mensch vor der Hüterin der Tradition, der selbständig von der Sichtbarkeit der Welt her zu forschen und zu denken gewillt ist – mit dem Risiko, die Offenbarungen des Christentums völlig zu verlieren. Diesen Tatbestand haben Galileis Gegner offenbar besser durchschaut als er selbst. Er überschaute die Konsequenzen seiner Haltung nicht. Ihn interessierte die naturwissenschaftliche Forschung, ihr widmete er sein Denken und Tun. Daneben hielt er mit seinem Gemüt an den Lehren der Kirche fest und empfand sich selbst als ihr treues Glied. Gerade darum ist er für viele seiner Nachfolger eine vorbildliche Erscheinung geworden. In Wirklichkeit aber lebte schon in Galilei der Zwiespalt, an dem heute unsere gesamte Zivilisation krankt. Auf eine kurze Formel gebracht: der Zwiespalt, der zwischen Wissen und Glauben, Kopf und Herz, Naturwissenschaft und Religion besteht. Bereits Galilei pflegte eine Wissenschaftlichkeit, die seinen Geist zutiefst befriedigte, nicht aber sein Gemüt, und er hielt an einer religiösen Haltung fest, die sein Herz beruhigte, sich seinem Geist aber immer mehr entfremdete. Er repräsentiert als erster die Bewußtseinsspaltung, die heute wesentliches Charakteristikum der von Europa ausgehenden technisch-christlichen Zivilisation geworden ist. Das naturwissenschaftliche Erkenntnisprinzip verlangt ein anderes seelisch-geistiges Verhalten, als es von der Theologie des Mittelalters gefordert wurde. Recht verstandene Naturwissenschaft wird sich nie als Dienerin der Theologie verstehen können. Das aber war der Anspruch derer, die Galilei gegenüber die Theologie zu vertreten sich berufen fühlten. Darum stehen Galileis Leben, Leiden und Werk urbildlich für diese geistige Auseinandersetzung am Anfang der Neuzeit. In diesem Sinn darf man von einem Verständnis des «Falles Galilei» auch eine Aufklärung über die Grundtendenzen des «Falles Abendland» erwarten.

KINDHEIT UND JUGEND

Am 15. Februar 1564 wurde Galileo Galilei geboren. Drei Tage später – am 18. Februar – starb Michelangelo Buonarroti in Rom. Es ist das gleiche Jahr, in dem auch William Shakespeare zu Shrewsbury in England seinen Lebensweg begann. Galilei starb 1642 am Ort seiner Verbannung, in Arcetri bei Florenz; in England wurde im folgenden Jahr Isaac Newton geboren. Mit diesen wenigen Daten ist der bedeutende Entwicklungsabschnitt der abendländischen Geistes-

Taufbuch der Dom-Gemeinde Pisa aus den Jahren 1564–1568. Es enthält die Eintragung der Taufe des Galileo Galilei unter dem 19. Februar 1564

Der Eingang zum Kloster Vallombrosa

geschichte gekennzeichnet, der vom Ausklang der italienischen Hochrenaissance zur Begründung der modernen Naturwissenschaft hinüberleitet.

Der Vater Galileis, Vincenzio Galilei (1520–91), war Florentiner und stammte aus einem Geschlecht, das schon im 14. Jahrhundert zu den Patriziern der Stadt gehörte. Als Tuchhändler hatte Vincenzio Galilei sich vorübergehend in Pisa niedergelassen. Doch sein Beruf genügte ihm als Lebenserfüllung nicht, seine Interessen reichten weiter, zumal die musische Komponente seines Wesens bemerkenswert gewesen sein muß. Als Musiker soll er Bedeutendes geleistet haben. Darüber hinaus war er als Schriftsteller über Themen aus dem Bereich der Musik tätig. Ein Buch über Notenschrift und das Spielen auf Saiten- und Blasinstrumenten erfuhr eine zweite Auflage. Im «Handbuch der Musikgeschichte» (Leipzig 1866) wird Vincenzio Galilei ein Erneuerer der weltlichen italienischen Musik im 16. Jahrhundert genannt. Von besonderem Interesse ist, daß der Vater Galileis im einleitenden Kapitel zu seiner Musiktheorie mit scharfen Worten gegen Autoritätsglauben und Schöngeistigkeit, die nicht von exakter Sinneswahrnehmung unterbaut ist, polemisiert und saubere Beweisführung für jede Behauptung verlangt. Hier meint man aus den Worten des Vaters bereits den Sohn herauszuhören.

Am 5. Juli 1562 schloß Vincenzio Galilei in Pisa die Ehe mit Giulia Ammannati (1538–1620) aus Pescia. Der Ehekontrakt ist erhalten. In ihm verpflichtet sich der Bruder der Braut, der zugleich ihr Vormund war, zu einer Mitgift im Werte von 100 Goldscudi, die in Gold- und Silbermünzen, Leinen und Wollzeug zu liefern war. Auch übernahm er es, ein Jahr lang für den Lebensunterhalt der jungen Eheleute zu sorgen. Sechs oder sieben Kinder entstammten dieser Ehe, aber nur zwei Knaben (Galileo und Michelangelo) und zwei Mädchen (Virginia und Livia) blieben am Leben. Von der Mutter ist nur bekannt, daß sie zänkisch war und ihren Mann um 30 Jahre überlebte. Sie starb 1620, zu einer Zeit, als Galileo Galilei schon 56 Jahre alt war.

Von seiner Kindheit und Jugend wissen wir nur wenig. Die ersten zehn Lebensjahre verbrachte er in seinem Geburtsort Pisa. Der Vater hatte schon früher seinen Wohnsitz nach Florenz zurückverlegt und ließ im Herbst 1574 seine Familie nachkommen. Von da ab blieb die Familie Galilei in der Hauptstadt der Toscana seßhaft, doch Galileo wurde bald nach der Umsiedlung zur Erziehung – vielleicht sogar als Novize – ins Kloster St. Maria zu Vallombrosa, unweit Florenz, geschickt. Wie lange er dort blieb, wissen wir nicht. Es wird erzählt, daß der Knabe sich im Kloster wohl fühlte und die

Das Kloster

Der Triumph des hl. Thomas von Aquin. Gemälde von Benozzo Gozzoli. Louvre, Paris

Ausbildung in Dichtkunst, Musik, Zeichnen und praktischer Mechanik genoß. Wäre es nach Galileo gegangen, würde er im Kloster geblieben und Priester geworden sein. Doch der Vater hatte andere Pläne. Er wollte, daß sein Sohn Arzt werde. Darum nahm er ihn wieder aus dem Kloster und gab ihn in den Privatunterricht des ihm befreundeten und damals berühmten Mathematikers Ostilio Ricci. Dieser förderte in seinem Schüler jene Fähigkeiten, durch die Galileo Galilei später zum Begründer der mathematisierenden Methode der Physik und damit der neuzeitlichen Naturwissenschaft überhaupt werden konnte. Ostilio Ricci erteilte nicht nur Privatunterricht, er war vor allem Lehrer an der Florentiner Kunstakademie. In seiner

Mathematik mied er die Abstraktion, so daß Galilei die Geometrie des Euklid erst später aufgenommen und von Algebra zeit seines Lebens nur geringe Kenntnisse besessen hat. Ricci war in erster Linie der Lösung praktischer Fragen zugewandt: Errechnung des Gewichtes bestimmter Körper ohne Zuhilfenahme einer Waage, Bestimmung des Volumens von Körpern, Problemen der Wasserverdrängung, mathematische Untersuchung der Flugbahn von Geschossen und anderem.

Der Vater unterrichtete seinen Sohn im Lautenspiel und Zeichnen. Nach Viviani, dem späteren Schüler und ersten Biographen Galileis, war es in diesen Jahren der Wunsch des Jünglings, sich der Malerei zu verschreiben. Doch der Vater bestimmte, und so mußte er im siebzehnten Lebensjahr zurück nach Pisa, um dort Medizin zu studieren. Am 5. September 1580 wurde er an der dortigen Universität immatrikuliert.

Beim Medizinstudium im 16. Jahrhundert kam es vor allem darauf an, in die Werke von Aristoteles (384–322 v. Chr.) und Galenus (129–199 n. Chr.) einzudringen. Die «Physik» des Aristoteles beherrschte seit den Zeiten der Hochscholastik, das heißt seit Thomas von Aquin (1225–74), die Naturlehre an den europäischen Universitäten. Nach Jahrhunderten der Vergessenheit war Aristoteles' gewaltiges Gedankenwerk auf dem Umweg über die Araber in die christliche Theologie eingedrungen. Dies geschah so gründlich, daß die Scholastik ohne Aristoteles undenkbar ist. Thomas von Aquin ging bei ihm in die Schule. Er, der hervorragendste Geist des Mittelalters, fand in Aristoteles seinen Lehrmeister. Alles, was das eigene Gedankenleben zu erreichen vermag, ohne göttliche «Offenbarung», war für Thomas durch Aristoteles vorbildlich erarbeitet. Erst wenn das Denken die ihm gesetzte Grenze erreicht hat, ist es für Thomas geboten, sich der Offenbarung zuzuwenden. So kam es, daß Aristoteles zur absoluten Autorität auf allen Erkenntnisgebieten wurde, die unterhalb der Offenbarung liegen. Etwas vereinfacht ausgesprochen: Das dualistische Weltbild der mittelalterlichen Theologie anerkannte zwei Autoritäten. Für die übersinnliche Welt, die nach damaliger Auffassung dem Erkenntnisstreben des einzelnen Menschen in der Regel als unzugänglich angesehen wurde, galt die Autorität der göttlichen Offenbarung, die durch den Glauben aufgenommen wird. Für das Wissen, für die Erkenntnis der sinnlichen Welt hingegen, die dem menschlichen Verstand zugänglich ist, sah man in Aristoteles die Autorität schlechthin. Naturwissenschaft und Medizin wurden in den Jahrhunderten vor Galilei im Lichte der Schriften des Aristoteles gelehrt. Die Studenten erhielten an den Universitäten im Prinzip keine besondere Ausbildung in Naturkunde, sondern erfuhren, wie Aristoteles über die Natur, die «Physik», gedacht hatte. In gleicher Weise erhielten die Medizinstudenten einen minimalen Anschauungsunterricht in bezug auf den menschlichen Leib. Um so mehr aber mußten sie lernen, was über Aristoteles hinaus Hippokrates und Galenus in ihren Büchern geschrieben hatten. Das Studium der Philosophie wurde allem vorangestellt. Sie war ein Zwitter aus christlicher Theologie und aristotelischer Begriffskunst. Aristoteles ist der Begründer der Logik als Wissenschaft. Wer denken üben will, kann das auch heute noch mit seiner Hilfe. Nur verlange man von diesem griechischen Philosophen keine Verhaltensweisen, die außerhalb seiner Möglichkeiten lagen. Es ist leicht, in seinem Hauptwerk Stellen aufzuzeigen, die Irrtümer in bezug auf die Sinneswahrnehmung enthalten. Es ist aber durchaus verständlich, daß es zu Beginn der Neuzeit echte Revolten gab gegen die tyrannische Autoritätsforderung: Nihil nisi Aristoteles. Die Bewußtseinsentwicklung der Menschheit in der Neuzeit ist offenkundig gebunden an den dreifachen Prozeß des Strebens nach e i g e n e r Erkenntnisfindung, nach «Ich»-Werdung und zunehmender Beherrschung der Sinnesbeobachtung. So ist es als eine entwicklungsgeschichtliche Notwendigkeit begreiflich, daß das Leben Galileis im Zeichen des Kampfes gegen die Autorität des Aristoteles stand. Während seiner Studienjahre ist von dieser Problematik noch wenig zu bemerken. Die Kolleghefte, die Viviani sorgsam aufbewahrte, enthalten keine Anzeichen, daß Galilei sich schon damals in bewußter Opposition zu der herrschenden Lehrmethode befand. Wohl aber tragen seine ersten Arbeiten bereits den Stempel der neuen Forschungsgesinnung.

Aus der Pisaer Studienzeit sind Kolleghefte erhalten, geschrieben in der jugendlichen Handschrift Galileis. Sie handeln *vom Himmel* und *vom Entstehen und Vergehen*. Es ist unbekannt, wer der vortragende Professor war, aber die Nachschriften geben einen guten Eindruck von der scholastischen Denkmethode, die damals in Pisa betrieben wurde. Mit Naturwissenschaft im heutigen Sinn hatten diese scholastischen Untersuchungen nichts gemeinsam. «Charakteristisch ist dabei für den Gelehrten, aus dessen Munde Galilei diese Unterweisung empfing, und mehr vielleicht noch für den Geist, in dem die Universität unter dem Regiment des Hauses Medici geleitet wurde, die durchgehende Einmischung religiöser und theologischer Motive und Argumente und demgemäß der Zitate aus Kirchenvätern und theologischen Schriftstellern neben denen aus heidnischen, arabischen und christlichen Peripatetikern.»[3] Da diese Vorlesung auch astronomische Probleme berührte, erfuhr Galilei hier zum erstenmal, daß es nicht nur die allgemein anerkannte Lehre des Ptolemäus gab, sondern auch das Werk «De revolutionibus orbium coe-

Galilei beobachtet die Schwingungen des Leuchters im Dom zu Pisa. Gemälde von Luigi Sabatellio. Museo di Fisica e Storia Naturale, Florenz

lestium» von einem Nikolaus Kopernikus, der in Übereinstimmung mit dem griechischen Denker Aristarchos von Samos die Sonne in die Mitte der Welt stellt und sich die Planeten und die Erde um die Sonne kreisend denkt. Selbstverständlich werden zugleich alle Argumente der orthodoxen Schulmeinung angeführt, die diese Lehre als Irrtum kennzeichnen. Es findet sich in den Kolleg-Mitschriften keinerlei Hinweis, daß der neunzehnjährige Galilei zu diesem Zeitpunkt bereits Zweifel an dem Weltbild des Ptolemäus hegte.

Um so bedeutsamer für die Entwicklung des jungen Physikers wird ein Erlebnis, das er, wahrscheinlich während eines Besuches der Messe, im Dom zu Pisa hat. Sein Blick fällt auf einen sich leise bewegenden Kronleuchter. Was vor ihm Tausende gesehen haben, sieht auch er: die Schwingung des vom Deckengewölbe herabhängenden Leuchters. Er begnügt sich nicht mit dieser Wahrnehmung, seine Gedanken beginnen zu arbeiten und versuchen das Wahrgenommene aufzuhellen. Er bemerkt, daß die Schwingungsausschläge nach und nach geringer werden, die Zeit aber während des Hin- und Herpendelns, gemessen an seinem eigenen Herzschlag, die gleiche bleibt. Auf elementarste Weise hat er so entdeckt, daß ein einfaches Mittel, die Zeit zu messen, durch ein schwingendes Pendel gegeben ist.

Man hat viel Intelligenz darauf verschwendet, zu ergründen, ob Vivianis Bericht über die erste Auffindung der Pendelgesetze auch wirklich der Wahrheit entspricht. Dieses Bemühen, historisch genau zu sein, in allen Ehren – produktiv ist es nicht. Man kann in der Regel nach mehr als dreihundert Jahren nicht den äußeren Verlauf eines geschichtlichen Tatbestandes besser rekonstruieren wollen, als es den Zeitgenossen Galileis gelang. Viviani, dem wir, wie gesagt, die erste Biographie über Galilei verdanken, war sein Schüler und hat seine Aufzeichnungen nach selbstgehörten Erzählungen Galileis vorgenommen. Mag er in seinem Eifer von sich aus manches hinzugefügt haben – der Mythos vom schwingenden Kronleuchter im Dom zu Pisa trifft den Ansatzpunkt der Galileischen Physik besser als alle anderen, «gesicherten» Aussagen. Auch wenn Galilei sich selbst in seinen Werken über diesen Vorgang nicht geäußert hat – Viviani beschreibt mit seinem Bericht treffsicher die Geburtsstunde der modernen Dynamik.

Soweit wir sehen, währte die Studienzeit in Pisa knapp vier Jahre, von 1581 bis 1585. Im vierten Studienjahr bemühte sich der Vater um ein Stipendium für seinen Sohn, das nicht bewilligt wurde. Vielleicht war es die Folge dieser Ablehnung, daß Galilei, ohne einen akademischen Grad erlangt zu haben, Pisa verließ. Das medizinische Studium als solches war damit aufgegeben, Galilei kehrte nach Florenz zurück, um unter Leitung von Ostilio Ricci seine mathe-

22

matischen Studien fortzusetzen. Jetzt widmete er sich der Euklid-
schen Geometrie und den Werken griechischer Mathematiker, in erster Linie dem des Archimedes. In der Einleitung zu seiner eigenen
ersten kleinen Arbeit *La Bilanzetta* (1586), wo er eine Wasserwaage
zur Bestimmung des spezifischen Gewichtes beschreibt, heißt es: *Nur
zu klar lassen diese Werke erkennen, wie sehr alle übrigen Geister
dem des Archimedes nachstehen, und wie wenig irgend jemand sich
Hoffnung machen darf, etwas zu finden, was seinen Schöpfungen
nahekommt.*[4] Instinktsicher erkennt er in Archimedes, den er mit
den Beinamen «der Göttliche» und «der Unnachahmliche» versieht,
sein Vorbild, seinen Vorläufer.

In dieser Zeit verfaßt Galilei auch – angeregt durch Guidobaldo
dal Monte – eine erste mathematische Arbeit über Schwerpunktstu-
dien, die er aber nicht veröffentlicht. Gegen Ende seines Lebens
fügte er sie seinem letzten Werk als Anhang zu, so daß diese frag-
mentarische Schrift ebenfalls erhalten blieb. Einzelheiten aus diesen
Forschungen über Schwerpunktverhältnisse teilte Galilei anderen Mathematikern mit und erreichte dadurch, daß diese – unter anderen
Giuseppe Moletti in Padua und Pater Christoph Clavius in Rom –
auf ihn als mathematische Begabung aufmerksam wurden. Vor allem aber war es der soeben genannte Marchese Guidobaldo dal
Monte in Pesaro (1545–1607), ein hervorragender Mathematiker
und Konstruktions-Theoretiker, der Galilei entdeckte und nach Kräften bemüht war, ihm auch bei der Erlangung einer Position behilflich zu sein. Doch trotz dieser für Galilei nützlichen Unterstützung
mußte er vier lange Jahre warten und seinen Lebensunterhalt in
Florenz und Siena durch Privatunterricht bestreiten. Ein Versuch im
Jahre 1587, den freigewordenen Lehrstuhl für Mathematik in Bologna zu erlangen, scheiterte. Im Sommer 1589 war der Lehrstuhl in
Pisa zu vergeben. Mit Hilfe der Fürsprache vor allem dal Montes
wurde die Berufung des fünfundzwanzigjährigen Galilei zum Professor der Mathematik an der Universität Pisa erreicht.

Aus der Zwischenzeit liegt die Mitschrift zweier Vorträge Galileis vor, die er 1587 oder 1588 in der Akademie von Florenz über
die *Topographie der Hölle Dantes* gehalten hat. Der Inhalt und die
Methode der Darstellung sind durchaus zeitgebunden. Galilei versucht, eine Antwort auf frühere Arbeiten von Cristoforo Landino
(1481) und von Alessandro Vellutello (1544) über die «Vermessung
der Hölle Dantes» zu geben. Mit Hans Blumenberg darf man diese
an sich belanglosen Vorträge Galileis eine «Jugendtorheit» nennen,
die aber ebenso wie seine *Marginalien zu Tasso* (etwa um 1610 entstanden) beweisen, daß der junge Galilei auch außerhalb des mathe-
matisch-physikalischen Bereiches interessiert war.

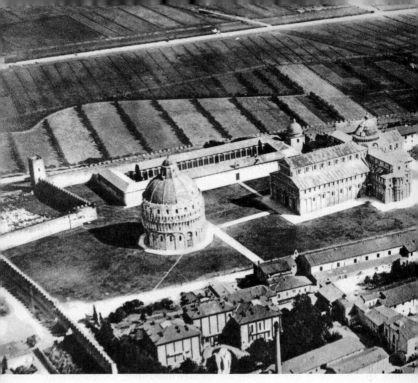

PISA
(1589–1592)

Im Altertum lag die Stadt Pisa unmittelbar am Meer. Heute ist sie durch Ablagerungen des Arno etwa sieben Kilometer von der eigentlichen Flußmündung entfernt. Im Mittelalter war Pisa eine mächtige Seerepublik. Damals beherrschte dieser Stadt-Staat nach Kämpfen mit den Sarazenen ganz Sardinien, Teile Korsikas, der Balearen und konkurrierte mit Genua und Venedig. Doch 1284 bereiteten die Genuesen den Pisanern in einer Seeschlacht eine vernichtende Niederlage. Dadurch verlor Pisa seine Vormachtstellung. 1405 wurde die Stadt von dem seinerzeit herrschenden Geschlecht der Visconti an Florenz abgetreten. Seitdem ist die Geschichte Pisas als Provinzstadt der Toscana aufs engste mit Florenz verbunden.

Die Piazza del Duomo mit ihren drei historischen Bauwerken, dem Dom, dem Baptisterium und dem Schiefen Turm, an zwei Seiten von der alten Festungsmauer aus dem 12. Jahrhundert umrahmt, ruft die Erinnerung an Galilei unmittelbar herauf. In Pisa wurde

Der Domplatz in Pisa aus der Vogelschau

er geboren, hier verlebte er seine ersten zehn Lebensjahre, absolvierte als Jüngling vier Jahre Studium und betrat 1589 die Stadt erneut als junger Dozent mit 25 Jahren.

Offenkundig hat der Vater Galileis nicht weiter auf seiner Forderung bestanden, daß der Sohn Arzt werden sollte. Wahrscheinlich hatte er inzwischen dessen außerordentliche mathematische Begabung erkannt und bereitete ihm darum bei der Wahl seines Berufes keine Schwierigkeiten mehr. Aber als Handelsherrn wird den Vater das erste Honorar seines Sohnes nicht befriedigt haben: 60 Scudi im Jahr – eine Summe, die zum Leben, wie man sie auch einteilen mochte, niemals ausreichen konnte. Daher wurde als ganz selbstverständlich vorausgesetzt, daß der junge Professor auf anderen Wegen, wieder vor allem durch Erteilung von Privatunterricht, sich zusätzlich Geld beschaffte.

Die erste Arbeit (1590) der Pisaner Zeit ist ein Kommentar zum «Almagest» des Ptolemäus, der sich absolut in den Grenzen damaliger Denkgewohnheiten hält. Kein Anzeichen verrät, welche revolutionäre Forscherkraft in dem jungen Gelehrten lebte.

Ein Irrtum wäre es, zu glauben, die Geschichte der Mathematik und Physik der Neuzeit habe erst mit Galilei begonnen. Er hat bedeutende Vorläufer gehabt, besonders auch in Italien. Zu ihnen müssen wir vor allem Tartaglia (1499–1557) rechnen. Mit seinem bürgerlichen Namen hieß er Niccolò Fontana. Als Kind war er von französischer Soldateska mißhandelt, zum Krüppel geschlagen und durch fünf Säbelhiebe lebensgefährlich verletzt worden. Infolgedessen stotterte er zeitlebens. So gab man ihm den Namen Tartaglia, der Stotterer. Er lehrte und starb in Venedig, nachdem er zuvor schon in Verona, Piacenza und Mailand als Mathematiker gewirkt hatte. In einen heftigen Prioritätsstreit geriet er mit seinem Kollegen in Mailand, dem Mathematiker und Naturforscher Hieronymus Cardanus (1501–76) und dessen Schüler Ferrari, als er (1530) die Möglichkeit zur Auflösung von Gleichungen dritten Grades entdeckte. Tartaglia vervollkommnete die damalige Ballistik, nahm zahlreiche Bestimmungen des spezifischen Gewichtes vor und behandelte Probleme der Wahrscheinlichkeitsrechnung – Themen, die für die entstehende Naturwissenschaft von hoher Bedeutung waren. Charakteristisch dabei ist die Tatsache, daß viele der von Tartaglia gelösten Aufgaben ihm von Praktikern, das heißt von Ingenieuren, Artilleristen, Goldschmieden und Kaufleuten gestellt worden waren. Drohender Krieg zwischen Venedig und den Türken veranlaßte Tartaglia zu grundlegenden Studien von Geschoßbahnen. Dadurch wurde er zum Wegbereiter für die Erkenntnis der Fallbewegung und zum unmittelbaren Vorläufer Galileis. Auch ist es Tartaglia zu verdanken, daß Archimedes in seiner überzeitlichen Größe vom Bewußtsein der Mathematiker des sechzehnten und der folgenden Jahrhunderte wiederentdeckt und anerkannt wurde. Über diese Bemühungen sagt Leonardo Olschki: «Tartaglias Versuche, das Schweben des Körpers in Flüssigkeiten je nach Verbindungen zu berechnen, verraten ein methodisches Bewußtsein von ganz ungewöhnlicher Konsequenz. Es geht aus ihnen das Bestreben hervor, die archimedischen Sätze nicht schlechthin hinzunehmen, sondern sie zu prüfen und zu ergänzen, um sie den praktischen Aufgaben zugrunde zu legen.»[5] Tartaglias Hauptwerk enthält unter vielen anderen auch eine Kritik an der aristotelischen Mechanik. Tartaglia starb – in ärmlichen Verhältnissen – fünf Jahre bevor Galilei geboren wurde. Begegnen konnten sie sich im Leben also nicht. Aber aus den wenigen Hinweisen, die gegeben wurden, mag deutlich geworden sein, in welchem Maße dieser große Mathematiker des 16. Jahrhunderts geistiger Pate für das Lebenswerk Galileis geworden ist.

Wohl der begabteste Schüler Tartaglias war Johann Baptista Benedetti (1530–90). Als Dreiundzwanzigjähriger gab er eine Schrift «Disputationen gegen Aristoteles und alle Philosophen» heraus. Diese Arbeit führt unmittelbar in die spezielle Thematik, die zur Ausgangsstellung Galileis wurde: Studium der Bewegungsgesetze unter gleichzeitiger Ablehnung der aristotelischen Physik. Es unterliegt keinem Zweifel, daß Benedettis Werk entscheidenden Einfluß auf Entstehung und Entwicklung der Fragestellungen des jungen Galilei ausgeübt hat. Tartaglia und Benedetti vor allem waren es, die den Boden bereiteten, auf dem die spezifische, einmalige und unabhängige Forschungsart Galileis wachsen konnte. Darüber hinaus verband eine Freundschaft Galilei mit dem Philosophen Jacopo Mazzone, der seit 1588 in Pisa lebte. Von diesem empfing er manche Anregungen. Darüber berichtet er selbst in einem Brief an seinen Vater, der auch mit Mazzone befreundet war, er sei eifrig dabei, *zu studieren und von dem Herrn Mazzone zu lernen*[6].

Die Unzufriedenheit mit der aristotelischen Naturauslegung wird zur Quelle des Suchens nach neuen Forschungsweisen. Dabei entdeckte man einen Geist, der völlig in Vergessenheit geraten war, Johannes Philoponos. 750 Jahre nach Archimedes, zu Anfang des 6. Jahrhunderts, lebte in Alexandria dieser erste und «einzige Naturwissenschaftler der altchristlichen Geistesgeschichte», wie ihn sein neuer Herausgeber, Walter Böhm, mit Recht nennt. Als christlicher Gelehrter hat er einen kritischen Kommentar zur aristotelischen Physik geschrieben. Darin erbringt er den Nachweis, daß die Geschwindigkeiten fallender Körper keineswegs aus ihren Gewichtsverhältnissen resultieren. Das aber gerade war eine der Grundthesen des Aristoteles: Schwere Körper fallen um so schneller, als sie andere an Gewicht übertreffen. Dieser Kommentar ist 1536 in Venedig zum erstenmal in griechischer Sprache gedruckt erschienen und war damit für alle Interessierten zugänglich. Sowohl Benedetti als auch Galilei haben von Johannes Philoponos wesentliche Anregungen erfahren.

Archimedes, Philoponos, Tartaglia und Benedetti – so heißen die geistigen Ahnen Galileis, denen die Wegbereitung für die Auffindung der Fallgesetze zu danken ist; sie haben die Vorarbeit geleistet. Galilei war es dann, der durch die Kombination von messender Beobachtung und mathematischem Beweisverfahren die Grundlage nicht nur für die wissenschaftliche Bewegungslehre (Dynamik) legte, sondern die für die moderne Naturwissenschaft schlechthin gültige, quantitative Methode begründete. Mit seinen eigenen Worten: *Wer naturwissenschaftliche Fragen ohne Hilfe der Mathematik lösen will, unternimmt Undurchführbares. Man muß messen, was meßbar ist, und meßbar machen, was es nicht ist.*[7] Dieser These verdankt die Naturwissenschaft des Abendlandes ihren Aufstieg. Als Technik angewandt, wurde sie zur geistigen Großmacht, die alle früheren – mythischen – Weltbilder in Frage stellte und das Leben aller Völker der Erde grundlegend umgestaltete.

Galilei bringt das Bemühen um erkennendes Erfassen der Natur-Qualitäten zum Schweigen und setzt an dessen Stelle die konsequente, quantitative Methode. In diesem Sinne steht er am Anfang eines für die ganze Menschheit schicksalbestimmenden Prozesses. Isaac Newton führte fort, was er begonnen hatte. Beide Namen sind mit der Begründung der modernen Physik untrennbar verbunden.

In den sein Lebenswerk abschließenden *Discorsi* (*Unterredungen*) gibt Galilei die Zusammenfassung auch der Arbeiten, die er während der drei Jahre in Pisa geschrieben hat – die Lehre vom freien Fall und des Prinzips der Schwerkraft (Gravitation). *Der oberflächlichen Beobachtung ist es zwar nicht entgangen, daß die Geschwindigkeit frei fallender Körper mit der Fallzeit zunimmt. In welchem Maße aber die Beschleunigung stattfindet, ist bisher nicht ausgesprochen worden... Man hat beobachtet, daß die Wurfgeschosse eine gewisse Kurve beschreiben; daß letztere aber eine Parabel ist, hat niemand gelehrt. Daß aber dieses sich so verhält und noch vieles andere nicht minder Wissenswerte, soll von mir bewiesen werden. Zu dem, was noch zu tun übrig bleibt, wird die Bahn geebnet, nämlich zur Errichtung einer sehr weiten, außerordentlich wichtigen Wissenschaft, deren Anfangsgründe die vorliegende Arbeit bieten soll, in deren Geheimnisse einzudringen aber solchen Geistern vorbehalten bleibt, die mir überlegen sind.*[8] Man sieht, Galileis Selbsteinschätzung trifft seine historische Situation genau. Was ihm noch nicht gelingen konnte, wurde von Newton zum Ziele geführt.

In Pisa nimmt Galilei wesentliche Fragen der Dynamik in Angriff. Die Schrift *De motu* (*Über die Bewegung*) enthält den Niederschlag dieser Bemühungen. Das reine Phänomen des Fallvorganges, das heißt der Geschwindigkeitszunahme in der Zeit des Falles, wird untersucht – ebenso die Gesetze, die den Bewegungen auf der schiefen Ebene zugrunde liegen. Zur Veröffentlichung seiner Arbeit aber konnte Galilei sich nicht entschließen. Offenkundig befriedigten ihn die bisher gefundenen Lösungen noch nicht.

Die Tradition hat das praktische Studium der Fallgesetze örtlich mit dem schiefen Glockenturm in Pisa, der unmittelbar neben dem Dom steht, in Zusammenhang gebracht und das Bild des experimentierenden Galilei unlösbar mit dem Campanile verbunden, so wie es von Viviani überliefert wird. Doch im 19. Jahrhundert hat philologische Kleinarbeit auch diesen Bericht vom Experiment am «Schiefen Turm» in den Bereich der Legende verwiesen. Und wieder müssen wir sagen, daß der Galilei-«Mythos» keiner Willkür entsprang; er trifft die geschichtliche Situation. Das Argument, Galilei selbst habe weder den Vorgang im Dom noch den Versuch am Schiefen Turm schriftlich berichtet, und darum sei das Ganze zu bezweifeln, ist schwach. Galileis Werke sind arm an selbstbiographischen Hinweisen. Es besteht keine Notwendigkeit, diese symbolkräftigen Bilder aus einer «exakten» Biographie zu tilgen.

Die Jahre in Pisa waren für Galilei nicht immer nur erfreulich. Das geringe Einkommen muß seine Lebensführung und Lebensfreude beträchtlich eingeengt haben. Auch scheint es gelegentlich zu Kol-

Pisa: *der Schiefe Turm*

lisionen mit Kollegen gekommen zu sein. Ältere Biographen sprechen davon, daß Galilei durch ein negatives Gutachten, das er über eine mechanische Erfindung abgegeben hatte – als Erfinder wird der Prinz Giovanni de' Medici genannt –, sich den Unwillen der Hochschulleitung zuzog. Sicher ist, daß er in einer Versdichtung *In biasimo della toga* gegen eine Universitätsverordnung polemisierte, die den Professoren in Pisa vorschrieb, auch im täglichen Leben die Amtstracht zu tragen. Ein erster Protest gegen falsche Autoritäten, die sich hinter Talaren verbergen!

Das Jahr 1591 ist überschattet vom Tod des Vaters. Als ältester Sohn mußte Galileo nun die Rolle des Familienoberhauptes und die Sorge für den Lebensunterhalt von Mutter und Schwestern übernehmen. Damit wurde seine wirtschaftliche Lage untragbar. Wieder war es Guidobaldo dal Monte, der diese Belastung aus der Ferne erkannte. «Fürwahr, ich kann Euch nicht in dieser Lage sehen», schrieb er am 21. Februar 1592 an Galilei. Und der Einsicht folgte die Tat. Dal Monte verfügte über genügend Beziehungen. Sein Bruder lebte

Venedig im 19. Jahrhundert. Zeitgenössisches Gemälde

als Kardinal in Venedig, und der Senat bestimmte die Besetzung der Lehrstühle an der zur Republik Venedig gehörenden Universität Padua. Dort war durch den Tod Giuseppe Molettis die mathematische Professur freigeworden. Als geeigneter Bewerber wurde Galilei vorgeschlagen. Kurze Verhandlungen – und schon am 26. September 1592 erhielt Galileo Galilei die Bestallungsurkunde zum Professor der Mathematik in Padua mit einem Vertrag auf sechs Jahre. Der Achtundzwanzigjährige hatte ein wichtiges Lebensziel erreicht.

PADUA
(1592–1610)

Padua wurde an der Stelle erbaut, an der die alte, wohlhabende Handelsstadt der Römerzeit Patavium, Geburtsort des ersten wissenschaftlichen Geschichtsschreibers Titus Livius, gelegen hatte. Im Mittelalter war Padua als Bischofssitz und Universitätsstadt (seit 1222) zu neuen Ehren gelangt. Ihr gegenüber nahm Pisa trotz der Universität nur den Rang einer Provinzstadt ein. Stadt und Universität Pisa waren in allen wichtigen Entscheidungen den Fürsten in Florenz unterstellt. In einem ähnlichen Abhängigkeitsverhältnis stand Padua zu Venedig. Der Doge und die Signoria (der Senat) hatten von der Lagunenstadt aus stets das letzte Wort über Padua zu sprechen. Die Universität Padua aber hatte Weltruf. Sie gehört zu den ältesten Hochschulen des Abendlandes – der botanische Garten in Padua ist der älteste überhaupt – und galt gegen Ende des 16. Jahrhunderts als die «modernste» aller italienischen Universitäten. Nicht nur aus ganz Italien, aus allen Gebieten Europas strömte hier die studierende Jugend zusammen. Die Nähe der «Großstadt» Venedig, das verhältnismäßig leicht erreichbar war, machte das Stu-

Hof der alten Universität in Padua

dium in Padua besonders anziehend. Denn in Venedig, das durch seinen Hafen in lebhafter Verbindung mit den Ländern des Mittelmeeres, besonders des Vorderen Orients stand, wehte ein freier Wind – soweit man davon im Zeitalter der Gegenreformation überhaupt sprechen kann. Es war der Republik Venedig, den Vertretern der Universität unter Führung von Professor Caesar Cremonini gelungen, die Errichtung einer Konkurrenz-Universität durch die Societas Jesu zu verhindern. Diese mutige Haltung wurde allerdings nicht beibehalten, als es darum ging, den angeklagten und verfolgten Dominikaner Giordano Bruno vor dem Zugriff der Inquisition zu schützen. In diesem Fall standen für Venedig keine Staatsinteressen auf dem Spiel. Nach einigen Weigerungen Venedigs wurde Bruno auf besonders nachdrückliches Verlangen des Vatikans ausgeliefert. Dies geschah in dem gleichen Halbjahr (1592/93), in dem Galilei seine Tätigkeit in Padua begann.

Ein weiteres Kennzeichen für die freiheitliche Stimmung, die im Gegensatz zum übrigen Italien in der venetianischen Universitätsstadt herrschte, ist die Tatsache, daß Protestanten, solange sie ihren Glauben nicht öffentlich betätigten, in Padua unangefochten studieren und ihre Examen ablegen konnten. So haben im 17. Jahrhundert nachweislich über hundert deutsche Protestanten in Padua den Doktorgrad erworben. Unter ihnen auch der später in Hamburg wirkende hervorragende Gelehrte Joachim Jungius aus Lübeck (1619).

Im Gegensatz zu den anderen italienischen Universitäten war der ausländische Student in Padua nicht gezwungen, bis in den Alltag hinein sich den landesüblichen Gebräuchen zu unterwerfen. Sein

Anderssein wurde nicht nur respektiert, sondern sogar wohlwollend anerkannt. Ein zeitgenössischer Bericht gibt davon eine Schilderung: «Denn nirgends – wo immer man in Europa suchen möge – findet man eine Akademie, in der in gleicher Weise der Musen Freundin, die Ruhe, die Männer der Wissenschaft zum Verweilen einlädt. Da ist niemand, der neugierig zu erforschen sucht, wie der Fremde lebt; ob er sich dem Wohlleben hingibt, ob er's vom Munde sich abdarbt – niemand kümmert sich darum. Von wie weit her die Fremden kommen, so leben sie doch ganz so, als ob sie in der Heimat wären, Deutsche, Franzosen, Polen behalten die Lebensweise bei, an die sie zu Hause gewöhnt waren – nirgends sonst sieht man desgleichen. Denn an anderen Orten ist es üblich, daß die Ausländer die Sitten der Eingeborenen annehmen und denen der Heimat sich entfremden. So werden, um nicht weit zu gehen, in Bologna Deutsche, Franzosen, Spanier ganz zu Italienern und ziehen sich die Gewohnheiten der Einheimischen an, nicht so in Padua. Ursachen dieser Eigentümlichkeit mögen sein, daß nach der Weise der Venetianer die Paduaner sich an diese vornehme Duldsamkeit, die jeden nach seinem Belieben leben läßt, gewöhnt haben oder daß hier die große Zahl der Fremden sich nicht anders als unter vorteilhaften Bedingungen – sozusagen – ins Bürgerrecht aufnehmen ließ. Gern laufen deshalb hier, wie in einen Hafen, die Fremden ein, die das stille Leben der Gelehrten lieben, mögen sie auf das eigene Interesse in zurückgezogenem Studium oder auf das der andern im Amt des öffentlichen Lehrers bedacht sein. Und neben dem übrigen liegt es nicht zuletzt an der Milde der Luft, die alle, die von auswärts kommen, unter welchem Himmel sie auch geboren seien, heimisch anwecht, so daß, wer hier eine Zeitlang gelebt hat, wie hoch er an Ehren und Würden in seinem Vaterlande und anderswo sich erhebe, nach Paduas Freiheit seufzt, solange er denken kann.»[9]

Dies alles aber heißt nicht, das seelische Klima des damaligen Padua sei dem einer freien Universität von heute verwandt gewesen. Denn es ist, wie gesagt, das Zeitalter der Gegenreformation, das Schicksal Giordano Brunos stand warnend im geistigen Raum – die Kräfte der kirchlichen Tradition waren weiterhin wirksam. Padua war ja nicht nur Universitätsstadt. Es barg neben manch anderer Sehenswürdigkeit die großartige romanisch-gotische Basilika Sant' Antonio, kurz «Il Santo» genannt, Grabeskirche des populären hl. Antonius (1195–1231). Der gleiche Ort, in dem durch Andreas Vesal (1514–64) und seine klassischen Demonstrationen an der menschlichen Leiche die neuzeitliche Anatomie begründet wurde, ist bis heute auch das Zentrum des mittelalterlichen Aberglaubens, durch den der hl. Antonius zum Nothelfer gläubiger Katholiken in ihren Alltagssorgen, wie der Wiederfindung verlorener Gegenstände, wurde.

Ein überzeitliches Denkmal höchster Kunst ist die am Rande des Stadtgartens – in dem sich Überreste einer römischen Arena befinden – liegende Cappella degli Scrovegni mit den berühmten Fresken Giottos. Von 1303 bis 1306 entstanden an den Wänden des kleinen Kapellenraumes 38 Bilder aus dem Marienleben, dem Leben, Sterben und Auferstehen Christi und das Jüngste Gericht. Es ist zu vermuten, daß Galilei in den achtzehn Jahren seines Aufenthaltes in Padua diese einzigartigen Fresken mehr als einmal betrachtet hat. So wird er auch unzählige Male über die Piazza del Santo an dem großartigen Reiterstandbild des venezianischen Condottiere Gattamelata vorübergegangen sein, das von Donatello 1453 geschaffen wurde. Es ist das erste von einem italienischen Meister in Bronze gegossene Denkmal. Man möchte annehmen, daß Galilei beim Anblick der Reiterstatue – bewußt oder unbewußt – etwas wie einen Aufruf oder Mahnung empfand, mit gleich gesammelter Kraft, wie sie von diesem Meisterwerk der Renaissance ausstrahlt, vorwärts gerichtet, sein eigenes Lebenswerk in Angriff zu nehmen.

Alles in allem war das Schicksal, das Galilei nach Padua führte, günstig für ihn. Er selbst bezeichnete die achtzehn Jahre, die er in dieser Stadt verbrachte, als *die glücklichsten meines Lebens.* Sowohl

Padua: die Grabkirche des hl. Antonius

Der erste Hörsaal für Anatomie an der Universität Padua

für sein persönliches Leben wie auch für seine Entwicklung als Lehrer und Forscher war Padua besonders fördernd.

Am 7. Dezember 1592 hielt Galilei – unter starkem Andrang der Studenten – seine Antrittsvorlesung. Den erhalten gebliebenen Vorlesungsverzeichnissen [10] der Universität ist zu entnehmen, daß Galilei folgendes vorgetragen hat:

1593/94 über Sphäre und Euklid;
1594/95 über den ptolemäischen Almagest;
1597/98 über Euklid und aristotelische Mechanik;
1599/1600 und 1603/04 über Sphäre und Euklid;
1604/05 über Planetentheorie.

Aus einer kleinen Schrift Galileis, *Trattato della sfera*, die in diesen Jahren in Padua entstanden ist, wird deutlich, daß er sich in den Vorlesungen noch nicht von den traditionellen Vorstellungen des

Das Abendmahl. Fresko von Giotto. Cappella degli Scrovegni, Padua

ptolemäischen Weltbildes zu lösen wagte. Er gibt für dieses Verhalten in einem Brief an Johannes Kepler, geschrieben in Padua am 4. August 1597, die Begründung: *Ich würde es gewiß wagen, der Öffentlichkeit meine Überlegungen vorzutragen, gäbe es mehr Menschen von Ihrer Art. Da dies nicht der Fall ist, halte ich mich zurück.*[11] Um so deutlicher aber bringt Galilei Kepler gegenüber zum Ausdruck, daß er seit langem Anhänger der kopernikanischen Weltanschauung ist: *So füge ich nur das Versprechen hinzu, daß ich Ihr Buch in Ruhe lesen werde. Denn ich bin sicher, ich werde die schönsten Dinge darin finden und tue es um so freudiger, als ich mir die Lehre des Kopernikus vor vielen Jahren zu eigen machte und sein Standpunkt es mir ermöglichte, viele Naturprozesse zu erklären, die nach den üblichen Hypothesen sonst unerklärlich blieben. Ich habe viele Argumente zusammengetragen, um ihn zu unterstützen und den gegenteiligen Standpunkt zu verwerfen. Ich wagte dieselbe bis jetzt noch nicht an die Öffentlichkeit zu bringen, da mich das Schicksal unseres Lehrers Kopernikus erschreckt hat. Obwohl er bei einigen unsterblichen Ruhm erlangte, wurde er dennoch von vielen verspottet und verhöhnt.*[12] Kepler täuschte sich in der Hoffnung, Galilei werde als Bundesgenosse und Mitkämpfer für die neue Weltsicht auf den Plan treten. Kepler war nicht nur fast acht Jahre jünger (geboren am 27. Dezember 1571) als Galilei, sondern auch ungleich dynamischer. Noch hatte er die Intrigen, die ihn später aus Graz (1600) vertrieben, am eigenen Leibe nicht erfahren. So versuchte er in seinem Antwortbrief vom 13. Oktober 1597 an Galilei, diesen anzuspornen, in die Kampfarena einzutreten, um «den rollenden Wagen mit vereinten Kräften ins Ziel zu bringen». Mit den klassischen Worten – die Briefe sind in lateinischer Sprache geschrieben – «Confide, Galilaee, et progredere» (Fasse Mut, Galilei, und schreite voran!) ruft Kepler ihn auf, sich der Öffentlichkeit, das heißt natürlich in erster Linie auch dem Lehramt der Kirche, zu stellen. Als schwäbischer Protestant sieht Kepler die maßlosen Schwierigkeiten nicht, die eine solche Bekenntnistat hervorgerufen hätte. Er meint: «Wenn ich recht sehe, so gibt es unter den bedeutenden Mathematikern Europas nur wenige, die sich von uns trennen wollen» –

Donatellos Reiterdenkmal des Gattamelata. Padua

Johannes Kepler

das heißt über den Kopernikanismus anderer Meinung sind als er selbst und Galilei. Und er fügt triumphierend hinzu: «Tanta vis est veritas» (So groß ist die Kraft der Wahrheit). Ja, er geht soweit, Galilei nahezulegen, seine Schriften – um der größeren Freiheit willen – nicht in Italien, sondern in Deutschland herauszugeben. Daß Galilei auf dieses naiv-jugendliche Stürmen Keplers keine weitere Antwort gab, ist verständlich. Schon ein halbes Jahr später bekommt Kepler den zunehmenden Druck der Gegenreformation in Graz zu spüren. Im Gegensatz zu Galilei ist er dann drei Jahre später bereit, für seinen Glauben große Opfer zu bringen und für sich und die Seinen das schwere Schicksal des bettelarmen Vertriebenen auf sich zu nehmen. Darüber schreibt er am 19. September 1600 an Mästlin: «Das ist alles so schwer. Aber ich hätte nicht geglaubt, daß es in Gemeinschaft mit den Brüdern so süß ist, unseres Glaubens wegen und um Christi Ehre willen Schimpf und Schaden zu erleiden, Haus, Äcker, Freunde und Heimat aufzugeben. Wenn es beim echten Märtyrertum und bei der Hingabe des Lebens ebenso ist und wenn die Freude mit der Größe des Verlustes wächst, dann muß es leichtfallen, für den Glauben auch zu sterben ...»[13] Man darf es Galilei nicht zum Vorwurf machen, daß er, als Italiener und Glied der römischen Kirche, nicht gewillt war, seine Professur in Padua, geschweige denn sein Leben für den Kopernikanismus aufs Spiel zu setzen. Ihm ging es nicht um religiösen Glauben, sondern um Probleme der Wissenschaft. Sie waren ihm zwar wesentlich, aber doch wieder nicht in dem Maße, daß er bereit gewesen wäre, um jeden Preis ein Märtyrer zu werden.

Seit 1599 war Galilei in Freundschaft und Liebe der Venetianerin Marina Gamba verbunden, ohne daß er das Bedürfnis hatte, diese Lebensgemeinschaft in eine legitime Ehe zu verwandeln. Natürlicherweise ist über dieses Verhältnis im Laufe der Zeit viel geredet und geschrieben worden. In Wirklichkeit aber ist über diese private Seite von Galileis Leben wenig bekannt. Tatsache ist, daß diesem Liebesbund drei Kinder entstammen, zwei Mädchen und ein Knabe. Am 13. August 1600 gebar Marina Gamba eine erste Tochter, die den Namen Virginia erhielt. Ein Jahr später – am 18. August 1601 – wurde das zweite Mädchen geboren: Livia. Beide Töchter wurden später Nonnen und lebten als solche zuletzt in unmittelbarer Nähe ihres Vaters an dessen Verbannungsort Arcetri im Kloster S. Matteo.

Am 21. August 1606 wird der Sohn geboren, den Galilei mit dem Namen des Großvaters Vincenzio taufen läßt.

Als Galilei 1610 Padua verließ, trennte er sich gleichzeitig von Marina Gamba, die bald darauf einen Venetianer mit Namen Giovanni Bartoluzzi heiratete. Der erst vierjährige Sohn blieb zunächst noch bei der Mutter, folgte aber später dem Vater nach Florenz und wurde von diesem adoptiert. Bis zum Tode Galileis gehörte dann Vincenzio zum unmittelbaren Hauskreis in Arcetri und war auch beim Sterben seines Vaters zugegen.

1593 schrieb Galilei die Schrift: *Trattato di Meccaniche*, die man die erste Programmschrift des «Maschinen-Zeitalters» nennen darf. Sie enthält den Grundgedanken, daß eine Maschine bei Anwendung des Hebelprinzips *an Leichtigkeit gewinnt, was am Weg, an der Zeit oder an Langsamkeit verloren wird* [14]. Indem Galilei diesen gesetzmäßigen Zusammenhang an verschiedenen maschinellen Einrichtungen – auch die geneigte Ebene und die Konstruktion der Schraube werden in die Überlegungen einbezogen – nachweist, kommt er zu dem Resultat, daß dieses Prinzip für alle übrigen mechanischen Vor-

Aus Galileis erster Publikation über den Proportionszirkel (1606)

richtungen gültig sei, *die ersonnen worden sind oder ersonnen werden können.*

Es hat auch vor Galilei Forscher und Entdecker gegeben – man denke nur an die kühnen Maschinen-Konstruktionen von Leonardo da Vinci –, aber keiner war fähig, die Grundgesetze des rationellen Maschineneffekts abstrakt zu denken und mathematisch so zu formulieren wie der dreißigjährige Galilei. Er weiß, daß es sich nicht darum handeln kann, *die Natur zu betrügen,* sondern ihre festen und unabänderlichen Ordnungen auf physikalischem Felde abzulauschen und in der Konstruktion einer Maschine den menschlichen Zwecken dienstbar zu machen. Die in Pisa begonnenen Arbeiten werden in Padua konsequent fortgeführt. Dies gilt sowohl für die Probleme der Statik wie der Dynamik. Für beide als Wissenschaft hat Galilei in Padua den Grund gelegt.

Schon in Pisa hatte Galilei die Gesetze zu erkunden versucht, welche *die Linie, die geworfene Körper beschreiben,* bestimmen. Der Gedanke, daß die Parabel als mathematische Form den Bahnen von geworfenen Körpern zugrunde liegt, gibt ihm entscheidende Anregung. Sein Studium gilt jetzt zunehmend der Auffindung der Fallgesetze, das heißt der Beziehungen zwischen Fallraum und Fallzeit. In ständiger Wechselwirkung von Experiment (Erfahrung) und denkender Verarbeitung sucht er nach wissenschaftlicher Erklärung des freien Falles und der Wurfbewegung fester Körper. 1604 schreibt Galilei an den befreundeten Giovanni Francesco Sagredo in Venedig, daß er nun das Grundprinzip gefunden habe, aus dem sich die Fallgesetze ableiten lassen. Er habe erkannt, daß die Geschwindigkeit beim freien Fall im Verhältnis zur Länge des Weges wachse. Schon drei Jahre später war ihm klargeworden, daß diese Auffassung auf einem Irrtum beruht und daß die Geschwindigkeit beim freien Fall im Verhältnis der Zeit zunimmt. Erst in seinen letzten Lebensjahren finden alle diese Bemühungen um eine wissenschaftliche Begründung von Statik und Dynamik ihren klassischen Abschluß.

Gleichsam als Nebenprodukt seiner Arbeit entstehen in Padua zwei Traktate über die seinerzeit höchst aktuelle Befestigungskunst. Auch liegen Akten darüber vor, daß Galilei von Venedig aus einen Auftrag für eine Vorrichtung zum Heben von Wassermassen und zum Bewässern des Erdreichs erhalten hat. Wir haben Grund zu der Annahme, daß solche belegten Aufträge nur dürftig die Fülle dessen berühren, was in den Paduaner Jahren von Galilei neben seiner offiziellen Lehr- und Forschungstätigkeit unternommen wurde. Mit dem ihm eigenen Selbstbewußtsein schreibt er am 7. Mai 1610 an den Florentiner Staatsminister Belisario Vinta: *Ich habe an neuen merkwürdigen Erkenntnissen, die sich teils zu nützlicher Anwendung eignen, teils als wissenschaftliche Wahrheiten zur Bewunderung auffordern, eine solche Fülle, daß nur der allzu große Überfluß mir schadet und mir immer geschadet hat.*[15]

Alle bisher genannten Arbeiten Galileis blieben Manuskripte; sie wurden zum Teil handschriftlich vervielfältigt, aber bei seinen Lebzeiten nicht gedruckt. Die erste gedruckte Schrift von Galilei erschien 1606, also in seinem 42. Lebensjahr, und ist eine Gebrauchsanweisung für einen unter Aufsicht und Anweisung durch Galilei von Marcantonio Mazzoleni gefertigten Proportionszirkel. Dieses Instrument gehört zu den Vorläufern des sogenannten «Storchschnabels» und auch des «Rechenschiebers», ohne welche die Arbeit so vieler heutiger Techniker, Ingenieure und Mathematiker undenkbar wäre.

Der Proportionszirkel Galileis gestattet es, auch ohne mathematische Kenntnisse Linien in beliebiger Weise zu teilen, Grundrisse in verkleinertem und vergrößertem Maßstab zu reproduzieren, Quadrat- und Kubikwurzeln auszuziehen, Zins- und Zinseszinsrechnungen vorzunehmen.

Im Vorwort der Gebrauchsanweisung nennt Galilei mit Stolz hochgestellte Persönlichkeiten, die er bereits mündlich in den Gebrauch des Proportionszirkels unterwiesen habe: Johann Friedrich Prinz von Holstein und Graf von Oldenburg, Erzherzog Ferdinand von Österreich, Landgraf Philipp von Hessen und den regierenden Herzog von Mantua. Abgesehen von der menschlichen Eitelkeit, die in dieser betonten Nennung von fürstlichen Persönlichkeiten liegt, kommt doch auch zum Ausdruck, welchen persönlichen Radius sich Galilei durch seine Wirksamkeit in Padua erworben hatte. Der Kreis seiner Schüler war erheblich gewachsen. Nach Viviani erhält man den Eindruck, daß Galilei sowohl durch seine Persönlichkeitswirkung wie durch seine wissenschaftlichen Spitzenleistungen eine außergewöhnliche Beachtung weit über den engeren Kreis der Physikstudierenden in Padua fand. Viviani berichtet, er habe eine so große Zahl von Zuhörern vereinigt, daß er genötigt war, den für seine Vorlesung bestimmten Hörsaal zu verlassen und in dem großen, 1000 Personen fassenden Hörsaal der Juristen zu lesen. Und selbst dieser reichte nicht aus. Wir werden nicht fehlgehen, wenn wir diesen ungewöhnlichen Andrang zu den Vorlesungen zugleich auch der Sensation zuschreiben, die durch die Anwendung des Fernrohres auf die Himmelserscheinungen durch Galilei entstanden war.

*Die Piazzetta mit dem Campanile in Venedig. Gemälde von
Antonia Canaletto. Nationalgalerie, Ottawa*

DIE ERFINDUNG DES FERNROHRES

Galilei hat das Fernrohr nicht erfunden. Dieses Verdienst kommt den
Holländern zu; sie waren die Meister in der Kunst der Glasschleiferei für Brillen. Aus dieser entwickelten sie die Vergrößerungsgläser,
genannt Lupen, und wurden die ersten Bastler von Mikroskopen. Von
da war es nur ein Schritt zur Erfindung des Fernrohres. Galilei hörte von diesen Fortschritten der holländischen Glaskünstler, dem

menschlichen Auge unzugängliche Fernen mit Hilfe eines Rohres sichtbar zu machen. Wahrscheinlich kamen schon die ersten Konstruktionen 1609 von Holland über Frankreich nach Italien. Es genügte für Galilei, zu erfahren, nach welchem Prinzip die Holländer vorgingen, um sofort ein solches Fernrohr anfertigen zu lassen. Ohne Zeitverlust wurde es dem Rat der Stadt Venedig angeboten. Man kann sich das Staunen vorstellen, als am 21. August 1609 ein Kreis von sieben venezianischen Patriziern unter Anführung des Prokurators Antonio Priuli auf dem Campanile von San Marco durch Galilei in die Handhabung des neuen Instrumentes eingeführt wurde. Nun sahen sie selbst, was zuvor an ihre Ohren gedrungen war: daß man durch dieses Rohr weit entfernte Gegenstände so deutlich wie sonst nur in der Nähe wahrnehmen könne.[16]

Antonio Priuli beschreibt das Instrument «als ein Rohr aus Weißblech, außen mit einem Überzug von karmesinrotem, mit Baumwolle gemischtem Wollstoff bekleidet, etwa dreiundeinhalbviertel Elle [um 60 cm] lang, von der Breite eines Scudo, mit zwei Gläsern, von denen das eine hohl war, das andere nicht».

Schon drei Tage nach der Vorführung auf dem Glockenturm von San Marco, die von starker Wirkung auf alle Beteiligten war, überreichte Galilei der Signoria von Venedig sein Fernrohr als Geschenk. Wie üblich, begleitet er diese Gabe mit einem Brief, in dem er sich und seine Erfindung gebührend anpreist: *Unschätzbaren Vorteil könne die durch dieses Instrument erreichte Annäherung der Gegenstände für jedes Unternehmen zu Lande wie zur See gewähren... auf dem Meere werden wir die Fahrzeuge und Segel des Feindes zwei Stunden früher entdecken, als er unser ansichtig wird; indem wir auf diese Weise die Zahl und Art seiner Schiffe unterscheiden, können wir seine Stärke beurteilen, um uns zur Verfolgung, zum Kampf oder zur Flucht zu entschließen; ebenso lassen sich auf dem Lande die Lager und Verschanzungen des Feindes innerhalb ihrer festen Plätze von entfernten hochgelegenen Stellen aus beobachten und auch auf offenem Felde zum eigenen Vorteil jede seiner Bewegungen und Vorbereitungen sehen und im einzelnen unterscheiden.*[17]

Die Signoria reagierte sofort auf dieses – vor allem für Kriegsfälle – verlockende Angebot. Schon am folgenden Tag wurde vom Rat der Republik Venedig beschlossen, Galilei in Würdigung seines Eifers um das öffentliche Wohl das Amt des ordentlichen Professors für Mathematik, über das er nur einen Vertrag auf sechs Jahre in Händen hielt, auf Lebensdauer zu verleihen und gleichzeitig sein Jahresgehalt auf 1000 Goldgulden zu erhöhen, das heißt zu verdoppeln. Die Zustimmung durch den Senat der Universität Padua zu dieser ungewöhnlichen Bevorzugung eines Professors der Mathema-

Fernrohre des Galilei. Museo di Fisica e Storia Naturale, Florenz

tik (und das hieß damals: des Inhabers eines Lehrstuhles für eine Hilfswissenschaft, die an die Bedeutung der Medizin, der Jurisprudenz und Philosophie nicht heranreichte) war nicht einhellig. Sie erfolgte mit 98 Ja-Stimmen, elf Ablehnungen und 30 Stimmenthaltungen. Eine Welle von Kritik, genährt vor allem aus Mißgunst und Neid gegen den außerordentlichen Erfolg Galileis, brandete auf. Da sehr bald deutlich wurde, daß Galilei nur einer unter vielen war, die im Jahre 1609 ein Fernrohr anzubieten vermochten – selbst in Venedig kamen die neuen Sehinstrumente noch im gleichen Jahre von Holland und Frankreich her zu geringen Preisen auf den Markt –, fühlte sich der Rat von Venedig durch Galilei sozusagen hereingelegt. Da aber gleichzeitig die Bedeutung dieses einmaligen Mathematikers und Naturforschers erkannt war, reute es die Verantwortlichen dennoch nicht, sich seiner für Padua gesichert zu haben. Galileis Gegner haben bis zum heutigen Tage keine Gelegenheit ausgelassen, ihn wegen der Fernglas-Affäre anzugreifen. Bertolt Brecht mit seinem Schauspiel «Leben des Galilei» gehört zu ihnen.[18]

Die Aufregung und Vorwurfsstimmung um die Prioritätsrechte bei der Konstruktion der ersten Fernrohre sollte nicht hindern, die einzigartigen Verdienste Galileis bei der Anwendung dieses neuen Instrumentes anzuerkennen. Bis zum August 1609 war Galilei seinem eigenen Willen und seiner Berufung nach Mathematiker und Physiker. Astronomische Probleme, auch astrologische, hatten für ihn bis zu diesem Zeitpunkt nur am Rande eine Bedeutung. Wohl hatte er, wie wir sahen, schon früh die Erdbewegung im Sinne des Kopernikus für wahr erkannt, aber zu den Gebieten seiner Forschung gehörten die damit verbundenen Fragen nicht. Es änderte sich grundlegend mit dem Augenblick, in dem er sein selbstkonstruiertes Fernrohr in Händen hielt und damit begann, den Mond, die Sonne, die Planeten und Fixsterne zu beobachten. Das hatte in dieser Weise vor ihm noch niemand getan.

Die erste Veröffentlichung des sechsundvierzigjährigen Galilei – wenn wir von der bereits genannten kleinen Einführungsschrift über den Proportionszirkel absehen – erschien im März 1610 in Venedig unter dem Titel *Sidereus nuncius (Der Sternenbote)*[19]. Dieses Buch war eine literarische Sensation erster Ordnung. In kürzester Zeit – bestenfalls standen ihm für Beobachtung, Niederschrift und Druck sechs Monate zur Verfügung – hatte Galilei die Summe seiner neuen Entdeckungen mit Hilfe des Fernrohres zusammengefaßt. Am 1. März erhielt er die Druckerlaubnis der venetianischen Behörde. Die letzte seiner Beobachtungen ist am 2. März notiert, und schon am 13. März sandte er das erste gedruckte, noch ungebundene, feuchte Exemplar nach Florenz. Offenkundig war er von der zwingenden

Szenenbild aus Bertolt Brechts «Leben des Galilei» (Ernst Busch in der Titelrolle und Regine Lutz als Tochter Virginia)

Vorstellung geleitet, ein anderer könne ihm in der Veröffentlichung zuvorkommen.

«Das kleine Werk ist kein Muster der exakten Methode, sondern ein einzigartiger Fall der Umsetzung von Erregung in Beschreibung, als Proklamation neuer Sichtbarkeiten, von denen Galilei glaubt, daß sie sich niemand entgehen lassen würde» – schreibt Hans Blumenberg in der Einleitung zur Neuausgabe des *Sidereus nuncius*.

In Form einer *Astronomischen Mitteilung* gibt Galilei eine Zusammenfassung des ganzen Werkes als Vorwort: *Enthält und erklärt Beobachtungen, die kürzlich mit Hilfe eines neuartigen Augenglases gemacht wurden am Antlitz des Mondes, an der Milchstraße und den Nebelsternen, an unzähligen Fixsternen sowie an vier Planeten, Mediceische Gestirne genannt, die noch nie bisher gesehen wurden.*[20]

Für unsere Ohren klingt diese Ankündigung etwas marktschreierisch. Doch dürfen wir diesen Ton weniger Galilei als dem Stil seiner Zeit anlasten. Allerdings läßt sich nicht übersehen, daß gerade Galilei diesen Stil meisterhaft beherrschte und sich zunutze zu machen wußte. So beginnt der eigentliche Text des *Sidereus nuncius* mit den Worten: *Große Dinge lege ich in dieser kleinen Abhandlung den einzelnen Naturforschern zur Untersuchung und Betrachtung vor. Groß, sage ich, einmal wegen der Bedeutung der Sache selbst, sodann wegen der für alle Zeiten unerhörten Neuigkeit und schließlich auch wegen des Gerätes, durch dessen Hilfe sich diese Dinge meiner Sinneswahrnehmung dargeboten haben.*[21] Bescheidenheit war Galileis Tugend nicht. Aber andererseits trifft er mit diesen Sätzen tatsächlich auch den Kern seiner Arbeit, denn es sind wirklich große Neuigkeiten, die er mitzuteilen hat und die vor ihm noch nie ein Mensch s o wahrgenommen hat: die Oberfläche des Mondes mit ihren Kratern, Bergen, Vertiefungen – den Sterncharakter der Milchstraße, die Monde des Jupiter und später die Lichtphasen der Venus. Mit dieser kleinen Schrift ist die moderne Astronomie, die das sinnlich Wahrnehmbare der Weltkörper beschreibt und das Beobachtete und Beschriebene in den gegenseitigen Stellungen und Verhältnissen mathematisch zu erfassen sucht, begründet. Jahrtausendelang hatten Menschen ihren Blick zu den Sternen erhoben, sie anbetend als Wohnsitze der Götter oder als Äußerung des Einen, der aller Welt zugrunde liegt, verehrt. In der Astrologie, wie sie selbst Kepler und Galilei noch betrieben, lebte ein letzter Restbestand dieser spirituellen Sternenkunde, für die der sichtbare Stern nur Leib und Zeichen der unsichtbaren Mächte – der «englischen Intelligenzen» und Qualitäten – war. Jetzt begann das neue Zeitalter, von Galilei als *Sternenbote* selbst eingeleitet, das auf jedes seelische Erlebnis am Sternenhimmel Verzicht leistete und statt dessen aus-

SIDEREVS
NVNCIVS
MAGNA, LONGEQVE ADMIRABILIA
Spectacula pandens, suspiciendaque proponens
vnicuique, præsertim verò

PHILOSOPHIS, atq; ASTRONOMIS, quæ à
GALILEO GALILEO
PATRITIO FLORENTINO
Patauini Gymnasij Publico Mathematico
PERSPICILLI
Nuper à se reperti beneficio sunt obseruata in LVNÆ FACIE, FIXIS IN-
NVMERIS, LACTEO CIRCVLO, STELLIS NEBVLOSIS,
Apprime verò in
QVATVOR PLANETIS
Circa IOVIS Stellam disparibus interuallis, atque periodis, celeri-
tate mirabili circumuolutis; quos, nemini in hanc vsque
diem cognitos, nouissimè Author depræ-
hendit primus; atque
MEDICEA SIDERA
NVNCVPANDOS DECREVIT.

VENETIIS, Apud Thomam Baglionum. M DC X.
Superiorum Permissu, & Priuilegio.

Titelseite des «Sidereus nuncius»

schließlich «von außen» den Kosmos zu erfassen gewillt war. Mag jenseits der Sichtbarkeit eine andere Welt anheben, mögen Menschen dafür im «Glauben» ihre Herzen öffnen: als Wissenschaft im Sinne Galileis und seiner Nachfolger gilt nur, was sich im Reiche der Sichtbarkeit als meßbar erweist.

Man nimmt an der Geburtsstunde der modernen Astronomie teil, wenn man im *Sidereus nuncius* liest: *Es ist wirklich etwas Großes, zu der zahlreichen Menge von Fixsternen, die mit unserem natürlichen Vermögen bis zum heutigen Tage wahrgenommen werden konnten, unzählige andere hinzuzufügen und offen vor Augen zu stellen, die vorher niemals gesehen worden sind und die die alten und bekannten um mehr als die zehnfache Menge übersteigen. Ein sehr schöner und erfreulicher Anblick ist es ... den Mondkörper aus der Nähe zu betrachten ... Man erkennt dabei dann auf Grund sinnlicher Gewißheit, daß der Mond keineswegs eine sanfte und glatte, sondern eine rauhe und unebene Oberfläche besitzt und daß er, ebenso wie das Antlitz der Erde selbst, mit ungeheuren Schwellungen, tiefen Mulden und Krümmungen überall dicht bedeckt ist ... Was aber alles Erstaunen weit übertrifft ... ist die Tatsache, daß ich nämlich vier Wandelsterne gefunden habe, die keinem unserer Vorfahren bekannt gewesen und von keinem beobachtet worden sind. Sie kreisen um einen bestimmten auffallenden Stern ... Dies alles ist vor wenigen Tagen mit Hilfe eines von mir nach einer Erleuchtung durch göttliche Gnade erdachten Augenglases entdeckt und beobachtet worden.*[22]

Die *vier Wandelsterne* sind die vier von ihm entdeckten Monde, die um den Jupiter kreisen. Mit dieser bedeutenden Entdeckung verbindet Galilei erstmalig ein öffentliches Bekenntnis zum astronomischen Weltbild des Kopernikus: *Jetzt haben wir ein ausgezeichnetes und durchschlagendes Argument, um denjenigen ihr Bedenken zu nehmen, die zwar das Kreisen der Planeten um die Sonne im kopernikanischen System noch ruhig hinnehmen, aber von der einzigen Ausnahme, daß der Mond sich um die Erde dreht, während beide eine jährliche Kreisbahn um die Sonne vollenden, sich so verwirren lassen, daß sie dieses Weltbild als unmöglich verbannen zu müssen glauben ...*[23]

Es versteht sich fast von selbst, daß eine so revolutionäre Schrift wie der *Sternenbote* eine leidenschaftliche Gegnerschaft auf den Plan rufen mußte. Es bedurfte des selbstsicheren Bewußtseins eines Galilei, um die Flut von Hohn, Spott, Ignoranz und Neid zu überstehen. Aus der Menge der Widersacher nennen wir nur zwei: Giovanni Antonio Magini, einen namhaften Astronomen und Mathematiker in Bologna, und Martin Horky aus Böhmen, einen einstigen Schü-

50

Die erste von Galilei angefertigte Mondkarte

Jupiter und die von Galilei entdeckten vier Monde

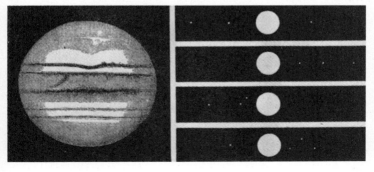

ler Keplers. Für die Angriffe Maginis gegen Galilei ist der Neid des Gelehrten auf den Konkurrenten in Padua unverkennbar die Triebfeder.

Es erübrigt sich, auf die Angriffe des Wirrkopfs Horky einzugehen. Von der Gehässigkeit Maginis angesteckt, aber ohne dessen mathematische und astronomische Kenntnisse, wagte er sich trotzdem mit einer Streitschrift gegen Galilei an die Öffentlichkeit, deren Quintessenz lautet: «Woher die ganze Träumerei dieser deiner neuen Erfindung kommt, ich hab's gefunden, ich weiß es sicher und gewiß; wie ich weiß, daß ein dreieiniger Gott im Himmel ist, meine Seele in meinem Körper ist, so weiß ich auch, daß all jene Täuschung von der Reflexion der Lichtstrahlen kommt.» So töricht glaubt Horky die Entdeckung der vier Jupiter-Monde widerlegen zu können. Wer sich für diese Seite des Kampfes gegen Galileis *Sternenboten* interessiert, findet Material darüber im 9. Kapitel des ersten Bandes von Wohlwill.

FLORENZ
(1610–1642)

Galilei verstand unter *Sidereus nuncius* eine «Botschaft von den Sternen», die ihm ein göttlich gelenktes Schicksal als wunderbare Kunde in alle Welt zu tragen aufgegeben hatte. Bei aller Begeisterung, die ihn in dieser seiner «Sternenstunde» ergriffen hatte, verlor er nicht das irdische Ziel aus dem Auge, das ihm offenkundig seit längerer Zeit vorschwebte: seinen Arbeitsort und Wohnsitz von Padua wieder in die Stadt zurückzuverlegen, die er als seine eigentliche Heimat empfand: Florenz.

Noch waren keine sieben Monate vergangen, seitdem er mit Hilfe seines Fernrohres sich vom Senat Venedigs und der Universitätsleitung Paduas einen lebenslangen Vertrag – bei Verdoppelung seines Gehaltes – eingehandelt hatte. Die Vermutung liegt nahe, daß Galilei gezielt operierte, um für die Verhandlungen mit Florenz eine bessere Ausgangsstellung zu haben. In gleicher Weise dürfen wir unterstellen, daß die Benennung der Jupiter-Trabanten als *Mediceische Sterne* ein weiterer Versuch war, die ihm gegenüber schon vorhandene Gunst seines toskanischen Landesherrn noch zu verstärken. In dieses Bild fügt sich lückenlos die überschwengliche Widmung ein, mit der er in seiner *Botschaft von den Sternen* den jugendlichen Fürsten von Florenz, Cosimo II., bedachte. Dieser war 1609 mit neunzehn Jahren Nachfolger seines Vaters Ferdinand I. Großherzog

Galilei mit einem optischen Instrument. Gemälde aus der Schule des Justus Sustermans. Galleria Pitti, Florenz

von Toscana geworden. Als Prinzen hatte Galilei ihn seit 1605 jeweils während der Sommerferien in Florenz in Mathematik unterrichtet; Lehrer und Schüler waren dadurch freundschaftlich verbunden. So lag es nahe, die Stunde der Krönung des jugendlichen – noch unmündigen – Großherzogs zu nutzen und durch ihn eine ehrenvolle Berufung nach Florenz zu erlangen. Im gleichen Februar, da er an Cosimo den Kondolenzbrief zum Ableben seines Vaters schrieb – also im Jahr vor der Fernrohr-Sensation und dem *Sternenboten* –, ergreift Galilei die Feder, um dem Haushofmeister des großherzoglichen Hofes, Vincenzo Vespucci, seinen Wunsch einer Rückkehr nach Florenz zu unterbreiten. *Zwanzig Jahre, und die besten meines Lebens, habe ich nunmehr damit hingebracht, das bescheidene Talent, das mir von Gott und kraft meines Bemühens in meinem Berufe zuteil geworden ist, auf jedermanns Verlangen, wie man sagt, im Kleinhandel auszugeben; wenn daher der Großherzog in seinem gütigen und edlen Sinne mir außer dem Glück, ihm dienen zu dürfen, gewähren wollte, was ich sonst noch wünschen kann, so gestehe ich, daß mein Gedanke dahin gehen würde, soviel Muße und Ruhe zu gewinnen, daß ich vor meinem Lebensende drei große Werke, die ich unter Händen habe, zum Abschluß bringen könnte, um sie zu veröffentlichen, vielleicht zu einigem Ruhme für mich und für den, der mich bei solchen Unternehmungen förderte, und möglicherweise für die Jünger der Wissenschaft von größerem, universellerem und dauernderem Nutzen als das, was ich in den Jahren, die mir noch übrig bleiben, zu leisten vermöchte.*

Größere Muße, als die mir hier zuteil wird, glaube ich nicht irgendwo sonst finden zu können, wo immer ich genötigt wäre, durch öffentliche und Privatvorlesungen den Unterhalt meines Hauses zu erlangen; auch würde ich dieser Art der Tätigkeit nicht gern in einer andern als in dieser Stadt obliegen, aus verschiedenen Gründen, die sich nicht in der Kürze aufzählen lassen; und doch genügt mir auch die Freiheit, die ich hier habe, nicht, da ich genötigt bin, auf Verlangen von diesem oder jenem manche Stunden des Tages und häufig genug die besten herzugeben. Von einer Republik, so glänzend und großgesinnt sie sei, Besoldung in Anspruch zu nehmen, ohne der Öffentlichkeit Dienste zu leisten, läuft den Gewohnheiten zuwider, weil, wer von der Öffentlichkeit Nutzen ziehen will, der Öffentlichkeit und nicht nur einem einzelnen Genüge leisten muß; solange ich imstande bin, zu lesen und Dienste zu leisten, kann niemand in der Republik mich von dieser Pflicht entbinden... kurz gesagt, einen so erwünschten Zustand kann ich von niemand anders zu erlangen hoffen als von einem absoluten Fürsten. Aber ich möchte nicht, Signor, daß Ihr aus dem, was ich gesagt, die Meinung ent-

54

*Großherzog Cosimo II.
Gemälde von
Justus Sustermans.
Galleria Corsini,
Florenz*

nähmt, ich erhebe unvernünftige Ansprüche, indem ich Besoldung ohne Verdienst oder Dienstleistung begehrte, denn das ist nicht mein Gedanke. Vielmehr was das Verdienst betrifft, so stehen mir mancherlei Erfindungen zu Gebote, von denen eine einzige, wenn sie einen großen Fürsten trifft, der an ihr Wohlgefallen findet, ausreichen kann, um mich fürs Leben gegen Not zu schützen; denn die Erfahrung zeigt mir, daß Dinge, die vielleicht weit weniger schätzbar waren, ihren Erfindern große Vorteile gebracht haben; und es ist immer mein Gedanke gewesen, sie eher als jedem andern meinem angestammten Fürsten und Herrn darzubieten, damit es in seinem Willen stehe, über sie und den Erfinder nach seinem Gutdünken zu verfügen, und wenn es ihm so gefiele, nicht nur das Erz zu nehmen, sondern auch den Schacht; denn täglich erfinde ich Neues und würde weit mehr noch finden, wenn ich mehr Muße hätte und mehr Handwerker zur Verfügung, deren ich mich zu verschiedenen Versuchen bedienen könnte.

Was dann den täglichen Dienst betrifft, so scheue ich nur eine Dienstbarkeit, bei der ich nach Art der Dirnen meine Bemühungen

55

dem willkürlichen Preis des ersten besten hingeben muß; aber einem Fürsten oder großen Herrn zu dienen und denen, die ihm angehören, wird mir nicht zuwider sein, vielmehr erwünscht und lieb.

Und weil Ihr, Signor, auch die Einkünfte berührt, die ich hier beziehe, so sage ich Euch, daß mein Gehalt von Staatswegen 520 Gulden beträgt, deren Erhöhung auf ebensoviel Scudi ich in wenigen Monaten bei Erneuerung meiner Anstellung mit Sicherheit erwarten darf, und diesen Betrag kann ich erheblich vermehren, da ich für den Bedarf des Hauses einen ansehnlichen Zuschuß aus der Aufnahme von Studenten und dem Ertrag der Privatvorlesungen beziehe; der letztere ist so groß, wie ich will. Ich sage das, weil ich eher vermeide, ihrer viele zu halten, als daß ich es suche, weil ich unendlich viel mehr nach freier Zeit als nach Gold Verlangen habe, denn ich weiß, daß ich weit schwerer eine Summe Goldes erlangen werde, die mir zu Ansehen vor der Welt verhilft, als einigen Ruhm durch meine Forschungen.[24]

Man bedenke, dieser Brief ist v o r den Verhandlungen mit dem Senat Venedigs im August 1609 geschrieben. Es ist deutlich, worauf Galileo Galilei hinzielte: Heim nach Florenz als Ruhesitz, Entbindung von der lästigen Verpflichtung, Vorlesungen halten zu müssen, und ein nicht ungewöhnliches, aber auskömmliches Gehalt. Es sieht so aus, als ob der Hof von Florenz zunächst nicht in dem Maße rea-

Ponte della SS. Trinità, Florenz

gierte, wie es sich Galilei vorgestellt hatte. So wird verständlich, daß er die Gelegenheit benutzte, seine Stellung in Padua zu verbessern. Seine aufsehenerregenden Entdeckungen halfen ihm entscheidend, dem Ziel näher zu kommen. Wie so oft in seinen Ferien besuchte Galilei Ostern 1610 Florenz und hat bei dieser Gelegenheit sicherlich manches unternommen, was im Sinne seiner erstrebten Berufung lag. Der *Sternenbote* hatte erheblich dazu beigetragen, seinen Ruhm auch außerhalb von Padua zu erhöhen. Kaum war er dorthin zurückgekehrt, wandte er sich erneut mit einem ausführlichen Brief an den florentinischen Hof, jetzt an den Staatsminister Belisaro Vinta, und gab diesem genauere Auskunft über die Forschungs- und Veröffentlichungspläne, die er in dem Brief an Vespucci nur angedeutet hatte: *Die Werke, welche ich zu Ende zu führen habe, sind vorzüglich zwei Bände. De systemate seu constitutione universi, ein großartiger Entwurf voll Philosophie, Astronomie und Geometrie; drei Bücher De motu locali, eine ganz neue Wissenschaft, da kein anderer, weder alter noch moderner Forscher, irgendwelche von den wunderbaren Veränderungen entdeckt hat, die in der natürlichen und gewaltsamen Bewegung enthalten sind, wie ich nachweisen werde; weshalb ich sie mit vollem Rechte eine neue Wissenschaft nennen kann, die von mir bis zu ihren ersten Prinzipien aufgefunden worden ist; drei Bücher über Mechanik, zwei bezüglich der Lehrsätze, eines die Probleme enthaltend; obwohl andere denselben Gegenstand behandelt haben, so ist doch, was bisher darüber geschrieben worden, sowohl dem Umfange nach wie auch in anderer Beziehung, der vierte Teil dessen, was ich schreibe. Ich habe auch verschiedene kleinere Arbeiten vor, über Materien die Natur betreffend wie: De sono et voce [Über Klang und Stimme], De visu et coloribus [Über das Sehen und die Farben], De maris aestu [Über die Flut des Meeres], De compositione continui [Über die Zusammensetzung des Kontinuums], De animalium motibus [Über die Bewegungen der Tiere] und noch andere. Auch bin ich willens, einige den*

Soldaten angehende Bücher zu schreiben, nicht allein um ihn geistig auszubilden, sondern auch denselben durch auserlesene Vorschriften alles dasjenige zu lehren, was auf der Mathematik beruhend ihm zu wissen erforderlich ist wie: Die Kenntnisse der Lagervermessung, der militärischen Ordnungen, Befestigungen, Belagerungskunst, Entfernungschätzen, Probleme der Artillerie, die Anwendung verschiedener Instrumente usw.[25]

Üblicherweise begegnet dem, der sich selbst hoch anpreist, Mißtrauen. Es scheint hingegen, als ob Galilei mit diesem kräftigen Rühren der Werbetrommel vollen Erfolg gehabt hat. Zwei Monate später empfing er die ersehnte Antwort in Form eines großherzoglichen Diploms, datiert auf den 10. Juli 1610, durch das er als Mathematicus primarius und Philosophus des Großherzogs von Florenz und zugleich als Mathematicus primarius der Universität Pisa verpflichtet wird. Sein Gehalt blieb ungefähr in der Höhe seines Einkommens von Padua: 1000 Scudi florentinischer Münze, zu zahlen von der Universität Pisa, ohne daß für Galilei irgendwelche Verpflichtungen bestanden, dort Vorlesungen zu halten oder gar seinen Wohnsitz in Pisa nehmen zu müssen. Im 47. Lebensjahr war Galileo Galilei am äußeren Ziel seiner Wünsche angelangt. Seine Stimmung geht aus einem Brief hervor, den er am 19. August an Kepler schrieb. Dieser hatte durch den toskanischen Gesandten in Prag den *Sidereus nuncius* zugestellt erhalten und enthusiastisch gedankt: «Sie, mein Galilei, öffneten das Allerheiligste des Himmels. Was könnten Sie anderes tun, als den Lärm, der sich erhob, zu verachten.» Galilei antwortet: *Du bist der erste und beinahe der einzige, der selbst schon nach einer flüchtigen Untersuchung der Dinge vermöge Deiner unabhängigen Denkungsart und Deinem erhabenen Geiste meinen Angaben vollkommen Glauben beimißt ... In Pisa, mein Kepler, in Florenz, Bologna, Venedig und Padua haben sehr viele es selbst gesehen; aber sie alle schweigen und schwanken, denn die Mehrzahl von ihnen erkennt weder den Jupiter noch den Mars, kaum den Mond als Planeten an ... Was ist zu tun? ... Ich denke, mein Kepler, wir lachen über die Dummheit der Masse. Was sagst Du zu den ersten Philosophen der hiesigen Universität, denen ich tausendmal aus freien Stücken meine Arbeiten zu zeigen angeboten habe und die mit der Hartnäckigkeit der Schlange niemals weder Planeten noch den Mond, noch das Fernrohr sehen wollten? Diese Art Menschen glaubt, die Philosophie sei irgend ein Buch wie die Aeneis oder die Odyssee: man müsse die Wahrheit nicht im Weltraum suchen, sondern mit ihren eigenen Worten in der Vergleichung der Texte.*[26]

Am 12. September 1610 traf Galilei in Florenz ein, um bis zum Lebensende, wie er hoffte, dort zu bleiben.

Johannes Kepler. Zeitgenössisches Gemälde

Die Kirche degli Scolopi und der Palast Medici-Riccardi, Florenz

Noch in den letzten Monaten in Padua hatte Galilei mit Hilfe seines Fernrohres eine neue Entdeckung gemacht: den Ring des Saturns. Zwar traf seine Beschreibung noch nicht den heute erkannten Sachverhalt. Doch das prinzipiell Andersgeartete der optischen Erscheinung, der Saturn im Gegensatz zu den anderen Planeten, war von ihm zum erstenmal wahrgenommen worden. Ihm erschien der Saturn als ein länglicher Stern in Gestalt einer Olive, der bei genauerer Beobachtung in drei Sterne zerfällt, von denen der mittlere bei weitem größer ist als die beiden anderen.

Über den florentinischen Gesandten Giuliano de' Medici sandte Galilei an Kepler im August 1610 die mysteriöse Zeile von 37 Buchstaben: *Smaismrmilmepoetaleumibunenugttauiras* und fügte hinzu, daß in diesem Buchstabenrätsel eine neue Entdeckung enthalten sei. Vergeblich bemühte sich Kepler um die Lösung des Rätsels. Erst im November gab Galilei sein Geheimnis preis. Wieder über den Florentiner Gesandten ließ er Kaiser Rudolf II. und Kepler mitteilen, daß die Entschlüsselung bedeute: *Altissimum planetam tergeminum observavi* (*Dreifältig erkannte ich den obersten Planeten*). Begleitet war die Auflösung von einer kurzen Beschreibung des dreifachen Saturns. Galilei fügt hinzu: *So zeigt sich also, daß wie Jupiter sein Gefolge, dieser Alte zwei Sklaven hat, die ihm gehen helfen und nicht von seiner Seite weichen.*

Kaum war diese neueste Entdeckung Galileis bekannt, erhob sich auch hier schon Widerspruch. Ludovico delle Colombe hatte zwar keinen Blick durch ein Fernrohr getan, aber als treuer Aristoteliker war er überzeugt, daß Galileis Wahrnehmung auf einer optischen Täuschung beruhen müsse («solche Form kann nicht sein»), denn der Saturn sei der dem Fixsternhimmel nächste Wandelstern, also müsse er auch die den Himmelskörpern entsprechende vollkommene Form, die Kugelgestalt, haben. Groteskerweise hat Colombe, der nie durch ein Teleskop sah, in einem gewissen Sinne recht behalten. Das Saturngebilde mit Ring hat kugelförmige Gestalt. Galileis Erwiderung: *Von allem, was er sagt, verstehe ich nichts, wohl aber weiß ich, daß einige Dreistigkeit dazu gehört, wenn jemand in Dingen, die er selbst niemals gesehen, einem anderen widersprechen will, der sie tausendmal gesehen hat.*

Kaum war Galilei am 12. September 1610 in Florenz eingetroffen, begann er mit neuen Beobachtungen. Jetzt galten sie einem der beiden sonnennächsten Planeten, der Venus. Am 11. Dezember bereits sandte er den Prager Interessierten das Resultat seiner Forschung erneut als Buchstabenrätsel: *Haec immatura a me jam frustra leguntur o y.* Galilei fügte dieser sinnlosen Aneinanderreihung lateinischer Worte hinzu: *Die Buchstaben bezeichnen eine neue Beobachtung, aus der sich die Entscheidung der größten Streitfragen in der Astronomie ergibt und die insbesondere einen kräftigen Beweisgrund für die pythagoräische und kopernikanische Weltanordnung enthält.*[27] Kepler geriet schier außer sich, weil ihm die Lösung nicht gelingen wollte, traute aber Galilei Höchstes zu. Doch schon am 1. Januar 1611 gab Galilei die Auflösung: *Cynthiae figuras aemulatur mater amorum.* Die astronomische Deutung dieses poetischen Spruches lautet: Die Venus hat gleich dem Mond wechselnde, das heißt zunehmende und abnehmende Lichtphasen, je nach ihrer Stellung zur Sonne. Wieder eine Entdeckung, die in die große Linie der Revolution gegen die mittelalterliche Sternenkunde gehört. *Es werden nach dieser Entdeckung*, schreibt Galilei an Giuliano de' Medici, *der Herr Kepler*

*Die von Galilei entdeckten Phasen der Venus.
Sobald dieses Gestirn sich nähert, zeigt es sich als Sichel (links)*

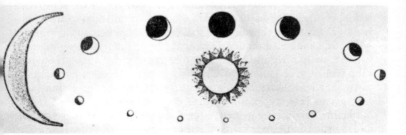

und die übrigen Kopernikaner sich rühmen können, richtig geglaubt und philosophiert zu haben.

Niemand kann mit Sicherheit sagen, welches das leitende Motiv für Galilei war, Padua aufzugeben und sich in Florenz niederzulassen. Manches wird dabei eine Rolle gespielt haben. So wurde mehrfach vermutet, daß er sein Verhältnis zu Marina Gamba auf diese Weise lösen wollte und praktisch ja auch gelöst hat. Man wird kaum fehlgehen, wenn man als Haupttriebfeder seine elementare Neigung zur Heimat, seiner Familie – das gute Verhältnis zum «angestammten» Fürstenhaus gehört dazu – und das zunehmende Bedürfnis nach Sicherheit, ruhiger Arbeitsmöglichkeit und friedlicher Existenz ansieht. Trotzdem bleibt es eine Frage, warum er die relativ große Freiheit und Selbständigkeit Venedigs und Paduas, vor allem Rom gegenüber, gegen die – wenn auch liebenswürdige – Abhängigkeit und schwache Schutzstellung durch den toskanischen Hof eintauschte. Es ist durchaus berechtigt, zu fragen: Hätte es einen «Fall Galilei» gegeben, wenn dieser in Padua geblieben wäre? Liegt nicht eine Unterschätzung seiner aktuellen und potentiellen Gegner vor, wenn er freiwillig auf Beschirmung durch Venedig Verzicht leistete? Jedenfalls fand Galilei in Florenz gerade das nicht, worauf sich seine berechtigte Hoffnung richtete: ungestörte Ruhe zur Arbeit und die sichere Abschirmung vor Angriffen. Seine Freunde sahen die Übersiedlung nach Florenz mit mehr Bedenken an, als er sie selbst hatte. Abgesehen von der Mißstimmung, die Galilei in Venedig und Padua zurückließ, indem er so bald nach Abschluß seines Vertrages mit Venedig und Padua «auf Lebenszeit» seine Position wechselte, mußte doch auch die sachliche Überlegung einsetzen, ob sein schneller Entschluß, illusionsfrei gesehen, für ihn selbst optimale Lebensbedingungen herbeiführen würde.

Zu Galileis besten Freunden der Paduaner Zeit gehörte der Venezianer Giovanni Francesco Sagredo (1571–1620). Er war, während Galilei Padua verließ, im Dienste der Republik im Ausland gewesen. Erst nach seiner Rückkehr nimmt er mit einem Brief vom 13. August 1611 von seinem Freund mit warmen Worten Abschied. Ihm ist es unfaßbar, daß Galilei Padua mit Florenz vertauschen konnte, obwohl er sich sonst eines Urteils darüber zu enthalten sucht. Aber er kann nicht umhin, doch den Freund auf das aufmerksam zu machen, was er, nach Meinung Sagredos, nur allzu leicht aufgegeben hat: «Ihr seid nun ... von einem Ort geschieden, in dem es Euch gut erging. Ihr dient nunmehr Eurem natürlichen Fürsten, groß und trefflich, einem Jüngling, von dem das Beste zu erwarten ist, aber hier hattet Ihr über die zu gebieten, die Gebieter und Herrscher über die andern sind und hattet niemand zu dienen als Euch selbst, als wäret

Nikolaus Kopernikus. Holzschnitt aus dem 16. Jahrhundert

Ihr Beherrscher der Welt... Eine Zeitlang finden die Fürsten wohl Geschmack an allerlei Merkwürdigkeiten, sobald aber das Interesse an Größerem sie in Anspruch nimmt, wenden sie ihren Sinn auf anderes. So glaube ich wohl, daß der Großherzog Gefallen daran finden mag, durch eines Eurer Augengläser die Stadt Florenz und andere Orte in ihrer Nachbarschaft anzusehen; ist es aber für seine Zwecke erforderlich, zu sehen, was in ganz Italien, in Frankreich, in Spanien, in Deutschland und in der Levante geschieht, so wird er Euer Augenglas beiseite legen... Wer wird ein Augenglas erfinden

können, mit dem man die Narren von den Verständigen, den guten
Rat vom schlechten, den einsichtigen Architekten vom eigensinnigen
und unwissenden Werkmeister unterscheidet?» Bei aller Anerkennung der Entscheidung Galileis und dem Willen, sie ohne Hadern
hinzunehmen, gibt Sagredo am Schluß seines Briefes der Besorgnis
Ausdruck, daß der Freund sich der Gefährlichkeit seines Schrittes
nicht bewußt sei: «Dies aber, daß Ihr an einem Orte seid, wo – wie
man erzählt – die Freunde Berlinzones in hohem Ansehen stehen,
macht mich sehr besorgt.» Da nur «Eingeweihte» den Ausdruck
«Freunde Berlinzones» verstehen, hat Wohlwill an diese Stelle gesetzt: «die Väter der Gesellschaft Jesu» – und fügt hinzu: «Berlin-
zone war für Sagredo der Prototyp des Jesuiten, den er haßte.» Der
weitere Lebensgang Galileis sollte zeigen, wie realistisch diese Sorge
Sagredos war, der schon im März 1620 starb. Ihm hat Galilei, indem er seinen Namen einer der drei Personen gab, die den *Dialog
über die Weltsysteme* durchführen, 1632 ein literarisches Denkmal
gesetzt.

ROM-REISE
(Ende März bis Ende Mai 1611)

Als Galilei den Brief von Sagredo empfing, war er schon zehn Monate in Florenz ansässig und um manche Erfahrung reicher, die ihm
die Warnung Sagredos verständlicher hätte machen müssen. Kaum
hatte er seine Studien über die Lichtphasen der Venus in den Monaten Oktober bis Dezember 1610 zu einem vorläufigen Abschluß gebracht, drängte es ihn, dorthin zu gehen, wo die eigentliche Instanz
war, vor der er sich zu verantworten hatte: nach Rom. Es unterliegt
keinem Zweifel, daß Galilei mit diesem Besuch beabsichtigte, die
Anerkennung des kopernikanischen Weltbildes durch das Lehramt
der Kirche zu erreichen. In seinem Urlaubsgesuch an den Minister
Belisario Vinta formuliert er dieses Ziel, ohne den Namen Kopernikus zu nennen, mit den Worten: *Die neuen Tatsachen, die durch
meine Beobachtungen zutage gefördert sind, ergeben für die Lehre
von den Himmelsbewegungen so bedeutende Erweiterungen und not-
wendige Veränderungen, daß unter ihrem Einfluße diese Wissenschaft zum großen Teil als eine neue und wie aus der Finsternis zum
Licht gebracht erscheint.*[28]
  Die Reise wurde bewilligt, kam allerdings erst, zum Kummer Galileis, der mit allen Kräften auf Beschleunigung drängte, in der letzten März-Woche 1611 zustande. Großzügig hatte der Großherzog

Papst Paul V. Büste von Gian Lorenzo Bernini. Galleria Borghese, Rom

die Kosten der Reise auf die florentinische Staatskasse übernommen, mit der Maßgabe, daß die Beförderung in einer großherzoglichen Sänfte geschah, ein Diener gestellt und alle Auslagen für beide beglichen wurden. Auch wurde Galilei für die Zeit seines Aufenthaltes in Rom eine Wohnung in der toskanischen Gesandtschaft eingeräumt. Über S. Casciano, Siena, S. Quirico, Acquapendente, Viterbo und Monterosi ging die Reise, auf der Galilei allabendlich – wie bisher in Florenz –, soweit die Witterung es zuließ, die Jupiter-Monde beobachtete.

Es war nicht das erste Mal, daß er römischen Boden betrat. Schon 1587, als Dreiundzwanzigjähriger, war er dort gewesen – Favaro vermutet wegen einer nicht bewilligten Bewerbung um die freigewordene Professur für Mathematik in Bologna. Damals war er ein unbekannter Jüngling, jetzt ein weltberühmter Gelehrter, der als stolzer Botschafter der Wissenschaft Anerkennung heischte. Galilei erfuhr, was von eh und je in Rom zu erfahren war: Triumph und Intrige.

Einem Freund in Florenz und einstigen Schüler in Padua, Filippo Salviati (1582–1614), schreibt er, getragen von erlebter Selbstbestätigung: *Ich habe Gunstbezeigungen von vielen der Herren Kardinäle und Prälaten und von verschiedenen Fürsten empfangen, die zu sehen verlangten, was ich beobachtet habe, und alle sind befriedigt gewesen, und so ist es auch mir ergangen im Anschauen alles Herrlichen, was sie besitzen an Statuen, Gemälden, dem Schmuck ihrer Säle, Paläste und Gärten.*[29]

Der florentinische Gesandte geleitete ihn zur Audienz beim Papst. Paul V. (1552–1621), seit 1605 auf dem Heiligen Stuhl, hörte ihn nach der üblichen Zeremonie des Fußkusses gnädig an und drang darauf, daß er – wie Galilei ausdrücklich berichtet – nicht kniend, sondern aufrecht stehend sprach. In Wirklichkeit wird Camillo Bor-

ghese, so der ursprüngliche Name des Papstes, von den Ausführungen Galileis nicht allzuviel verstanden haben. In Perugia und Padua hatte er Jura studiert, war in päpstliche Dienste getreten und wurde nach verschiedenen diplomatischen Missionen Kardinal (1596). Unter sein Pontifikat fallen die schweren Auseinandersetzungen mit Venedig und später das Dekret gegen den Kopernikanismus.

Wenige Tage später wird Galilei die Ehre zuteil, in die berühmte Akademie der Lincei (der Luchsäugigen) aufgenommen zu werden. Mit dem Leiter derselben, dem Fürsten Federico Cesi, tritt er in nahe Beziehung. Von allen menschlichen Begegnungen während der zwei

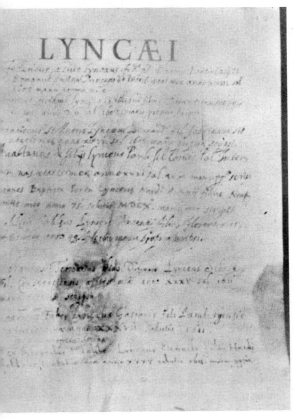

Diplom der Accademia dei Lincei

Monate in Rom war diese für Galilei die bedeutsamste und nachhaltigste.

Allabendlich stellte der Fürst die Räume seines Palastes zur Verfügung, um durch menschliche Kontakte und durch Diskussionen dem Besuch Galileis zu größter Wirksamkeit zu verhelfen. So wird diese Rom-Reise für Galilei zunächst zu einem großen Erfolg. Der ihm stets günstig gesonnene Kardinal Francesco Maria dal Monte berichtete an Galileis Landesfürsten, Cosimo II.: «Seine Entdeckungen sind von allen Männern von Verdienst und Sachkenntnis in dieser Stadt nicht allein als völlig wahr und wirklich, sondern auch als

Kardinal Robert Bellarmin. Zeitgenössischer Stich

höchst wunderbar anerkannt worden; lebten wir noch in jener alten Römischen Republik, so hätte man sicherlich ihm eine Statue auf dem Kapitol errichtet, um seinen Wert nach Gebühr zu ehren.»[30] Es ist nur zu verständlich, daß Galileo Galilei sich in diesem Lichte allseitiger Anerkennung sonnt. Vielleicht hat er instinktiv seine aufsehenerregenden Beobachtungen an Mond, Venus, Jupiter und Fixsternen in den Vordergrund gespielt und nur gelegentlich das gefährliche Grundthema des Kopernikanismus berührt. Die Mehrzahl seiner römischen Zuhörer wird gar nicht einmal bemerkt haben, mit welch gefährlichem Feuer Galilei umging. Da aber Rom nicht nur der Sitz des Papstes ist, sondern auch des kirchlichen Lehramtes, dem das sogenannte «Heilige Offizium», also die Inquisition, zu Diensten stand, war es selbstverständlich, daß er von dieser Institution während seines Rom-Aufenthaltes überwacht wurde. Doch scheint Galilei auch dieser Begegnung nicht ausgewichen zu sein, sondern sich ihr sogar bewußt gestellt zu haben. Es kam zu mehreren Unterredungen mit der entscheidenden Persönlichkeit des Inquisitionsgerichtes, Kardinal Robert Bellarmin. Es ist dies der gleiche Mann, der wesentlich am Prozeß gegen Giordano Bruno beteiligt gewesen war. Noch unmittelbar vor Brunos Verbrennung hatte Bellarmin ihn im Kerker der Engelsburg aufgesucht, um ihn zum Widerruf umzustimmen, und damit sein Leben zu retten. Bruno hat bekanntlich diesen Ausweg als seiner unwürdig verweigert. Durch die Begegnung mit Bellarmin fiel auch auf das Leben Galileis zum erstenmal jener Schatten, der fortab seinen Weg zunehmend bis zu seinem Tode verdunkeln sollte.

Zunächst sah es allerdings noch nicht danach aus. Bellarmin hatte von dem Collegium Romanum ein Gutachten über Galileis Behauptungen angefordert. In diesem Collegium arbeiteten hervorragende Jesuiten als Astronomen unter Führung des Deutschen Christoph Clavius (1537–1612) aus Bamberg und des Österreichers Christoph

Rechts: die Engelsburg in Rom. Links: die Kuppel von San Pietro

Grienberger (1561–1636) aus Hall bei Innsbruck. Die Patres hatten sich Fernrohre beschafft und konnten nicht umhin, die wesentlichen Beobachtungen Galileis zu bestätigen. Somit erhielt Bellarmin ein für Galilei sehr günstig lautendes Gutachten. Die «Bekehrung» der gelehrten Jesuiten war weitgehend. Sie gaben ihre Zustimmung in aller Form zum Ausdruck. Galilei konnte tief zufrieden sein. Ausgerechnet die Jesuiten veranstalteten ihm zu Ehren eine Versammlung. Einer der Mitunterzeichner des Gutachtens, der Jesuit Odo Malcotio, hielt eine Laudatio auf Galilei, in der er ihn unter den zeitgenössischen Astronomen zu den «berühmtesten und glücklichsten» zählte. Das Problem des Kopernikanismus wird völlig ausgeklammert – aber nur in der Öffentlichkeit. Im Gespräch unter vier Augen zwischen Bellarmin und Galilei ist es sicherlich berührt worden. Es scheint so, daß Galilei, erfüllt von der Wahrheit des Kopernikanismus, naiv geglaubt hat, auch den Kardinal und mit ihm das ganze Collegium Romanum überzeugen zu können, nachdem sie seinen Sternen-Beobachtungen zugestimmt haben. Vielleicht hat er in den vorsichtigen und ausweichenden Antworten Bellarmins gar nicht den eisernen Widerstand bemerkt, der sich auf alles erstreckte, was Galilei an Schlußfolgerungen aus seinen Beobachtungen zog. Auf keinen Fall gelang es Galilei, den Kardinal, als den entscheidenden Mann in der Kurie, für diese Weltanschauungsfragen in bezug auf den Kopernikanismus umzustimmen. Wohl aber hat der Kardinal bemerkt, mit welcher Intensität Galilei jener in den Augen der Inquisition gefährlichen und in keinem Fall anzuerkennenden Lehre des Frauenburger Domherren anhing. Ein späterer Bericht des toskanischen Gesandten in Rom nach Florenz gibt Äußerungen Bellarmins über Galilei weiter: «Groß sei die Rücksicht, die man allem schulde, was die durchlauchtigsten Hoheiten angehe; wenn jedoch Galileis Treiben hier zu weit gehe, so würde man nicht umhin können, ihn zur Rechenschaft zu ziehen.» Das Schreiben fügt hinzu, «daß er von dem Gehörten Galilei einen Wink gegeben habe, der vermutlich nicht nach seinem Geschmack gewesen sei»[31]. Schließlich gibt es von einer Sitzung der Generalkongregation der römischen Inquisition ein Protokoll vom 17. Mai – also kurz vor Galileis Abreise –, in dem sich der Satz findet: «Es soll erkundet werden, ob im Prozeß des Doktor Caesar Cremonini der Professor der Philosophie und Mathematik Galilei genannt wird.» So dunkel der Zusammenhang geblieben ist, um welchen Prozeß es sich gegen den auch sonst mißliebigen Cremonini gehandelt haben mag, so steht doch fest, daß am 17. Mai die römische Inquisition sich – trotz aller äußeren Anerkennung – für das Vorleben Galileo Galileis interessierte. Sein Name war damit in den Akten der Inquisition «vermerkt».

Galilei hätte allen Grund gehabt, sich von den Ehrungen, die ihm in Rom zuteil wurden, nicht zu sehr beeindrucken zu lassen. Ein Freund von ihm, Paolo Gualdo, Priester in Padua, warnte ihn in einem Brief: «Bis jetzt habe ich keinen Philosophen und keinen Astronomen gefunden, der Eurer Meinung beipflichten möchte, daß die Erde sich bewegt, und noch viel weniger würden die Theologen dazu geneigt sein; überlegt wohl, ehe Ihr in bestimmter Behauptung diese Eure Meinung als wahr in die Öffentlichkeit bringt, denn vieles kann man disputierenderweise sagen, was sich nicht gut als wahr behaupten läßt; namentlich, wenn man gegen sich eine Meinung hat, die jedermann, man kann sagen, seit Erschaffung der Welt in sich aufgenommen hat. Verzeiht mir, weil der große Respekt, den ich für Euren Ruf habe, mich in solcher Weise reden läßt. Mir scheint, daß Ihr Euch ausreichend Ruhm erworben habt durch die Beobachtung am Monde, an den vier Planeten und dergleichen, ohne die Verteidigung einer Sache in Angriff zu nehmen, die so sehr der Einsicht und Fassungskraft des Menschen widerstrebt...» Erstaunlich ist, wie genau Gualdo zu unterscheiden weiß, was allgemeine Anerkennung finden und was auf absolute Ablehnung stoßen wird. Galilei scheint bei seiner Abreise aus Rom diese Klarheit nicht besessen zu haben.

DER STREIT MIT DEN PERIPATETIKERN

Auch in Rom hatte Galilei, soweit er im Trubel der Ehrungen, Gespräche und Verhandlungen über seine Zeit verfügen konnte, fleißig den Sternenhimmel beobachtet. Im April gelang es ihm, die Umlaufzeiten der Jupiter-Monde zu messen. Gleichzeitig richtete er sein Augenmerk auf die Sonne und fand damit ein neues Studienobjekt: die Sonnenflecken. Nach Florenz zurückgekehrt, geriet Galilei über Probleme des Verhältnisses von festen und flüssigen Körpern in einen Streit mit den Anhängern der alten Schule, den Peripatetikern, die ihr Wissen weniger aus der Natur als von den Werken des Aristoteles bezogen. Fragen, die viele Jahrhunderte hindurch mit den Begriffen von den vier Qualitäten (Wärme, Kälte, Trockenheit, Feuchte) behandelt und beantwortet wurden, traten durch die Denkweise Galileis in ein völlig neues Licht. Seine Gegner behaupteten, daß Eis in Wahrheit schwerer sei als Wasser, denn Kälte wirke verdichtend, und das Verdichtete sei schwerer als das Flüssige. Galilei widersprach. Eis schwimmt auf Wasser, beim Schmelzen verkleinert es seinen Raum und sei daher als ausgedehntes oder verdünntes Wasser anzusehen. Der Streit wurde mit Leidenschaft geführt, denn in

71

Kopf des Aristoteles. Römische Kopie nach einem griechischen Vorbild um 325 v. Chr. Kunsthistorisches Museum, Wien

Wirklichkeit ging es beiden Seiten nicht primär um das Verhalten und Sein von Wasser und Eis, sondern um die Erkenntnismethode. So entstand im Herbst 1611 der *Diskurs über die Körper, die auf dem Wasser schwimmen oder in demselben sich bewegen.* Öffentlich erschien diese Arbeit Ende Mai oder Anfang Juni 1612 in Florenz. Noch im gleichen Jahr wurde eine zweite Auflage notwendig. Schon die Einleitung zeigt, daß es für Galilei um mehr als um ein physikalisches Spezialthema ging. *Um so lieber bin ich der Aufforderung meines Fürsten gefolgt, meine Gedanken niederzuschreiben, als die Lehre, auf der die Erörterung des Gegenstandes beruht, mit der des Aristoteles nicht übereinstimmt. Der Autorität dieses außerordentlichen Mannes gegenüber wird der Grund dieser Abweichung weit*

besser durch die Feder als durch das gesprochene Wort erörtert.[32]
Das war eine klare Kampfansage und wurde auch als solche von
seinen Gegnern verstanden, obwohl sich Galilei aller persönlichen
Polemik enthielt. Um so schärfer kennzeichnet er die verschwomme-
ne Denkmethode, durch die ihm seine Widersacher verhaßt werden.
Und diese fühlten sich getroffen. Unter den zahlreichen Erwiderun-
gen findet sich auch eine – «Betrachtungen» genannt – von Arturo
d'Elci, dem Kurator der Universität Pisa, deren Mitglied Galilei ja
offiziell war. Zwar zeichnet Arturo d'Elci nur als «Übersetzer» eines
anonymen Akademikers, doch ist – wie auch Wohlwill und Favaro
vermuten – kaum daran zu zweifeln, daß er auch der Verfasser ist.
Diese gegnerische Schrift ist ein Musterbeispiel der Abwehr einer
dem Untergang geweihten Lehrschule. Wo das eigene Denken auf-
hört, setzt die überlieferte Lehrmeinung ein. Der Kurator sieht seine
Felle davonschwimmen, vermag aber sein Lamento nicht mit echten
Argumenten zu begründen. So darf sich Galilei mit Recht die Abwehr leichtmachen, indem er die Logik des Verfassers der «Betrachtungen» mit dem Satz charakterisiert: *Aber wenn wir in unserer
Unwissenheit uns wundern, daß die Schlangen ohne Füße sich fort-
bewegen können, so hören sie darum nicht auf, sich zu bewegen.*[33]
Arturo d'Elci ahnte die Gefahr, die für ihn und seinesgleichen mit
Forschern und Denkern wie Galilei heraufzieht. Deshalb greift er
an und schreibt über Galilei und sein Werk: «Nun ist nicht mehr
Zeit zum Scherzen; mit fliegenden Fahnen rückt der Verfasser vor,
um kühnen Muts den Fels der peripatetischen Lehre zu bestürmen,
der bis jetzt unbesiegbar und ruhmreich dagestanden hat... Aber die
Feinde nicht zu unterschätzen und zu verhindern, daß ihnen Mut
und Kräfte wachsen, ist zu allen Zeiten eine gepriesene Soldatenre-
gel gewesen, zumal wenn die Gegner zungenfertig, scharf an Geist,
gewandt im Erfinden und ruhmbegierig sind. Wer weiß, wie viele
Jünglinge lebhaften Geistes und vom Verlangen nach vielerlei Wissen erfüllt, durch die Neuheit der Lehre angelockt, sich unvorsichtig
von der ebenen und sicheren Straße der peripatetischen Philosophie
ablenken lassen zu einer anderen neuen... Allzusehr würden – wenn
man hier auf Widerstand verzichtet – an Frequenz die Universitäten und die öffentlichen Schulen einbüßen, wenig würden mehr die
großen Lehrer gehört werden, die den Aristoteles als Führer und als
ersten Meister ansehen.»[34]
Auf die «Betrachtungen» von Arturo d'Elci folgen in rascher Rei-
henfolge noch drei weitere Pamphlete gegen Galilei. Zunächst von
dem Lektor für griechische Sprache an der Universität Pisa, Giorgio
Coresi, dann von den beiden Florentinern Ludovico delle Colombe
und Vincenzio di Grazia. Völlig verständnislos für das eigentliche

Die Kirche Santa Maria Maggiore in Rom

Bestreben Galileis, versuchen sie mit leeren Worten und unter Bezugnahme auf Aristoteles Pseudo-Widerlegungen. Wo die Logik aussetzt, müssen Hohn und Spott die Argumente ersetzen. Hatte Galilei seine Schrift dem Großherzog gewidmet: *Al Serenissimo Don Cosimo II Granduca di Toscana*, so wählten seine vier Gegner gleichfalls «Schutzpatrone» aus dem Mediceer-Hause: Arturo d'Elci die Großherzogin Maria Magdalene, Coresi und di Grazia die beiden Brüder von Cosimo II. und Colombe den Prinzen Giovanni. Der Streit war – zumindest dem Anschein nach – bis in die Familie der regierenden Mediceer hineingetragen.

Schon jetzt wird sich Galilei gefragt haben, ob er gut tat, die Republik Venedig mit der Monarchie Florenz vertauscht zu haben.

Auch Galileis Freunde meldeten sich und suchten Beistand zu geben: Fürst Cesi, Sagredo, Castelli und andere. Rührend war das helfende Bemühen des Malers Cigoli: «Wenn Ihr allen antworten wollt, so werdet Ihr nichts mehr schaffen. Laßt andere antworten...»[35] schrieb er an Galilei und malte auf ein Madonnenbild in der Kuppel der päpstlichen Kapelle von S. Maria Maggiore den Mond mit Bergzacken und Lichtinseln, so wie ihn Galilei beschrieben hatte. Die bedeutendste Unterstützung in jenen Kämpfen, in die Galilei 1611/12 verwickelt wurde, erhielt er durch Johannes Kepler, dessen Werk «Dioptrik» 1611 erschien und bald auch in Rom bekannt wurde. Kurz zuvor hatte er seine «Narratio de observatis quatuor Jovis satellitibus» (Abhandlung über vier beobachtete Jupiter-Monde) herausgebracht, in der Galileis vier Jupiter-Monde durch eigene Beobachtungen bestätigt werden. In der Einleitung zur «Dioptrik» rühmt Kepler Galilei, der durch seine bahnbrechenden Entdeckungen völlig neue Wege der Astronomie gewiesen habe. Eine großartige Hilfe zur rechten Stunde! Galilei selbst war bemüht, im Ton seiner Abwehr gegen die Angriffe maßvoll zu bleiben. Sein meisterhaftes Talent, klar, kühl und schonungslos sich auszudrücken, kam hier zur Wirkung. Nach Castelli wurden dem Ludovico delle Colombe «nicht nur die Federn ausgerupft, sondern er wurde geschunden und seziert bis auf die Knochen»[36].

Freude hat Galilei an diesem Abwehrkampf nicht gehabt. Seine letzte Verteidigungsschrift gegen di Grazia blieb ein unvollendetes Manuskript. Plötzlich bricht der Text ab, es finden sich nur noch die hinzugefügten Worte in Galileis Handschrift: ... *Soweit war ich mit unsagbarem Widerwillen gekommen, und wie von Reue ergriffen über das, was ich getan, erkannte ich, wie unfruchtbar ich Mühe und Zeit vertan habe.*[37]

Hinzukam, daß Galilei seinen Gegnern nicht nur in der wissenschaftlichen Methode überlegen war, sondern sie auch durch seinen meisterlichen Stil in Schrift und Rede erheblich übertraf. Schon die Tatsache, daß Galilei auch bei wissenschaftlichen Abhandlungen gern auf die sonst übliche lateinische Sprache verzichtete und sich statt dessen der italienischen Volkssprache bediente, wurde von seinen Feinden sehr mißbilligt. Gleich Luther auf kirchlichem Felde, durchbrach Galilei für die Wissenschaft ein alt geheiligtes Tabu der Hüter der Tradition. Bewußt wandte er sich an das Volk, das heißt an alle, welche die intellektuellen Voraussetzungen zum Verständnis wissenschaftlicher Probleme, unabhängig von ihren Sprachkenntnissen, aufbrachten. Gerade auch diese «Volksaufklärung» wurde ihm als revolutionärer Akt von seinen Widersachern sehr übelgenommen.

So sehr sich auch seine Gegner f ü r Aristoteles eiferten: Galilei hat nie einen Kampf g e g e n Aristoteles geführt. Wohl hat er – wie in der Schrift über die im Wasser schwimmenden Körper – bestimmte Darstellungen und Überlegungen des Aristoteles als irrig bezeichnet und die eigenen dagegengesetzt. Aber im ganzen erkannte er nachdrücklich die Größe des Aristoteles an und war nie gewillt, ihn zu schmähen, ja nicht einmal als überholt abzulehnen. Ihm ging es um die Souveränität des Philosophen, um die innere Unabhängigkeit des Denkens. In seinem *Dialog über die Weltsysteme,* dem Bu-

75

che, das ihm später zum Verhängnis werden sollte, hat er in unmißverständlichen Worten seine Stellungnahme zu Aristoteles und den Aristotelikern seiner eigenen Zeit präzisiert. Da läßt er den auch sonst reichlich naiven Simplicio fragen: «*Wenn man sich aber von Aristoteles lossagt, wer soll dann Führer in der Wissenschaft sein?*» Salviati, der in der Regel Galileis eigene Meinung vertritt, antwortet: «*Des Führers bedarf man in unbekannten wilden Ländern, in offener ebener Gegend brauchen nur Blinde einen Schutz. Wer zu diesen gehört, bleibe besser daheim. Wer aber Augen hat, körperliche und geistige, der nehme diese zum Führer! Darum sage ich nicht, daß man Aristoteles nicht hören soll, ja ich lobe es, ihn einzusehen und fleißig zu studieren. Ich tadele nur, wenn man auf Gnade oder Ungnade sich ihm ergibt, derart, daß man blindlings jedes seiner Worte unterschreibt, und ohne nach anderen Gründen zu forschen, diese als einen unumstößlichen Erlaß anerkennen soll. Es ist das ein Mißbrauch, der ein anderes schweres Übel zur Folge hat: man bemüht sich nicht mehr, von der Strenge seiner Beweise zu überzeugen. Was kann es Schmählicheres geben als zu sehen, wie bei öffentlichen Disputationen, wo es sich um beweisbare Behauptungen handelt, urplötzlich jemand ein Zitat vorbringt, das gar oft auf einen ganz anderen Gegenstand sich bezieht, und mit diesem dem Gegner den Mund stopft? Wenn Ihr aber durchaus fortfahren wollt, auf diese Weise zu studieren, nennt Euch fernerhin nicht Philosophen, nennt Euch Historiker oder Doktoren der Auswendiglernerei, denn wer niemals philosophiert, der darf den Ehrentitel eines Philosophen nicht beanspruchen.*»[38]

Man darf diese Charakterisierung der sich dogmatisch verhaltenden Philosophen geradezu klassisch nennen. Sie richtet sich gegen keine bestimmte Aussage, gegen kein Dogma — sei es kirchlicher, philosophischer oder wissenschaftlicher Art, wohl aber gegen Dogmatiker jeglicher Prägung. Im Sinne Galileis bleibt es sich gleich, ob ohne weitere Begründung argumentiert wird: «In der Bibel steht» oder «Die Kirche lehrt» oder «Die Wissenschaft hat erwiesen» oder «Der Meister — sei es nun Aristoteles, Thomas von Aquin, Goethe, Karl Marx oder Rudolf Steiner — hat gesagt». Stets liegt ein Versagen vor, wenn ein Zitat als Beweis an die Stelle des eigenen Erkenntnisbemühens gesetzt wird. Jeder Philosoph, ja jeder Denkende, wird zum dogmatischen Sektierer, wenn er Anleihen bei fremdem Geistesgut macht. Selbstverständlich wollte Galilei mit diesen gezielten Angriffen gegen die Peripatetiker seiner Zeit nichts gegen sinnvolle Bezugnahme auf die Gedanken und Ideen des Evangeliums, der Kirche und antiker Denker einwenden. Wohl aber hatte er im Auge, was später Goethe in der Geschichte der Farbenlehre, in dem Kapitel über Kopernikus, die «ungeahnte Denkfreiheit und Großheit der Gesinnungen» und Rudolf Steiner schließlich «die Philosophie der Freiheit» genannt hat. Galilei war ein erster Verkünder des allein auf eigener Wahrnehmung und eigenem Denken beruhenden freien Erkenntnisstrebens des Menschen. Eben deshalb erstanden ihm viele Feinde – und Freunde. Nur war es eine Mutfrage, sich 1612 zu dieser selbständigen Erkenntnishaltung zu bekennen. Gotthold Ephraim Lessing schreibt in der gleichen hochgemuten Gesinnung: «Nicht die Wahrheit, in deren Besitz irgendein Mensch ist oder zu sein vermeint, sondern die aufrichtige Mühe, die er aufgewandt hat, hinter die Wahrheit zu kommen, macht den Wert des Menschen. Denn nicht durch den Besitz, sondern durch die Nachforschung der Wahrheit erweitern sich seine Kräfte, worin allein seine immer wachsende Vollkommenheit besteht. Der Besitz macht ruhig, träge, stolz!»

Vor allem den geistig Trägen galt Galileis Geisteskampf. Und weil sie das merkten, reagierten sie mit übertriebener Schärfe, mit List und Denunziation.

DIE SONNENFLECKEN
(1613)

Im März 1613 erscheint das Resultat der Beobachtungen Galileis an der Sonne, die Arbeit *Über die Sonnenflecken*. Schon in dem *Diskurs über die schwimmenden Körper* findet sich eine Voranzeige: *Ich erwähne ferner die Beobachtung einiger dunkler Flecken, die am Sonnenkörper wahrgenommen werden und durch die Veränderung ihrer Lage an demselben sehr wahrscheinlich machen, daß entweder die Sonne sich um sich selbst dreht oder daß vielleicht andere Sterne sich ... um sie bewegen.*[39]

Die Wahrnehmung der Jupiter-Monde durch Galilei war eine absolute Neuentdeckung. Noch nie hatte vor ihm ein Mensch auch nur einen solchen Gedanken geäußert. Das Phänomen der Sonnenflecken war hingegen seit langem bekannt – doch fehlte eine exakte Deutung. So gibt es zahlreiche Hinweise auf Verdunklungserscheinungen der Sonne zum Beispiel in der chinesischen Literatur über Sternenkunde. Auch die Araber haben sich schon mit ihnen beschäftigt. Ebenso ist der Gedanke der um die eigene Achse rotierenden Sonne nicht neu. Giordano Bruno, der Engländer Edmund Brutius und Johannes Kepler haben ihn schon vor Galilei gedacht, ohne ihn sicher begründen zu können. Die Beobachtung trat in ein neues Stadium, als fast gleichzeitig drei Astronomen unabhängig voneinander sich mit Hilfe des Fernrohres der Angelegenheit annehmen: der Ostfriese Johann Fabrizius, Sohn des Osnabrücker Astronomen David Fabrizius, der Ingolstädter Professor für Astronomie und Jesuit Christoph Scheiner und schließlich Galileo Galilei selbst. Zwischen den beiden Letztgenannten, also Scheiner und Galilei, entstand ein Prioritätsstreit, der mit ungewöhnlicher Schärfe durchgeführt wurde. Die damit entstandene bittere Feindschaft sollte sich für Galilei später tragisch auswirken. Paradox dabei ist, daß Fabrizius beiden schon zuvorgekommen war und seine Beobachtungen 1611 unter dem Titel: «Joh. Fabricii Phrysii de Maculis in Sole observatis et apparente earum cum Sole conversione Narratio» in Wittenberg hatte erscheinen lassen. Nur haben Scheiner und Galilei keine Kenntnis von der Schrift des Fabrizius gehabt, als sie ihrerseits ihre Beobachtungen der Welt mitteilten.

Scheiners Arbeit erschien im Januar 1612 in Augsburg, und zwar mit Rücksicht auf den Ordensprovinzial der Societas Jesu unter dem Pseudonym «Apelles latens post tabulam» (Apelles hinter dem Bilde verborgen). Die Arbeit ist in Form von drei Briefen geschrieben, die der apokryphe Verfasser an den Augsburger Verleger Markus Welser richtete. Scheiners Versuch, die Sonnenflecken zu erklären, kommt über Vermutungen, die sich später nicht bestätigten, nicht hinaus. Er hält sie für Venus- und Merkur-ähnliche Trabanten, kleine Monde, welche die Sonne umkreisen. Da die «Apelles-Briefe» eine weite Verbreitung fanden, besteht ihre Bedeutung vor allem darin, den Blick einer größeren Öffentlichkeit auf die Sonnenflecken gelenkt zu haben.

Galilei aber mußte sich getroffen fühlen. Seine Entdeckungen werden zwar von Scheiner berührt, sein Name aber nicht genannt, seine Auslegungen diskutiert und bezweifelt. Scheiner spricht von sei-

Pater Christoph Scheiner beobachtet die Sonnenflecken. Aus «Rosa Ursina», 1630

nen eigenen «Entdeckungen über die Sonnenflecken». Galileis Antworten begründen zunehmend genauer, daß die Flecken unmöglich außerhalb der Sonne sich befinden können, daß sie zur Sonne selbst gehören und ein exakter Beweis für die Umdrehung der Sonne um ihre eigene Achse sind.

Im April 1613 erschien in Rom, gleichsam zur Beendigung der im einzelnen recht unerquicklich verlaufenen Diskussion, Galileis Werk: *Istoria e dimostrazioni intorno alle macchie solari e loro accidenti*. Die Herausgabe übernahm die Gesellschaft der Lincei, gewidmet war es dem Florentiner Filippo Salviati, von dessen Villa aus Galilei viele seiner Sonnenbeobachtungen vorgenommen hatte. Die römischen Freunde Cesi, Cigoli und Luca Valerio haben nach Kräften mitgeholfen, daß im Inhalt und Stil dieser Schrift, durch die auch die Prioritätsfrage zugunsten Galileis geklärt werden sollte, nichts geäußert wurde, was der Zensur Grund zum Einschreiten gab. Nachdem Scheiner als der Schreiber der «Apelles-Briefe» bekannt geworden war, galt es, deutlich und vorsichtig zugleich zu sein. Denn der Jesuit Scheiner hatte die ungleich engere Beziehung zum römischen Inquisitions-Tribunal als Galilei.

DIE KÄMPFE UM DEN KOPERNIKANISMUS
(1612–1616)

Vordergründig ging es um die Erklärung der Sonnenflecken. In Wahrheit hatte der Kampf um das Weltbild des Kopernikus begonnen. Alles, was Christoph Scheiner vorbrachte, fügte sich lückenlos in das Gedankenbild von Aristoteles und Thomas von Aquin ein. Durch die Darstellung von Galileo Galilei aber wurde weiteres Material zur Begründung des Kopernikanismus beigetragen. Galilei sagt es selbst in der brieflichen Diskussion mit Apelles–Scheiner: *Für den kundigen Astronomen genügte, verstanden zu haben, was Kopernikus im Buch De Revolutionibus schreibt, um sich sowohl von der Bewegung der Venus um die Sonne zu überzeugen, wie von der Wahrheit auch der übrigen Teile seines Systemes.*[40] In der Zeit zwischen den verschiedenen Briefen – Galilei antwortete auf die drei «Apelles-Briefe» an Welser seinerseits mit drei Schreiben – entdeckte er selbst, daß die beiden Sterne, die er zuerst um den Saturn sich bewegend entdeckt hatte, verschwunden waren. Damit war ein neues Rätsel im Planetensystem aufgetaucht, das der Lösung durch die Astronomen harrte. Hatte Galilei sich vielleicht doch geirrt, war die «Dreigestalt» des Saturn eine optische Täuschung gewesen? *Hat Saturn, so fragt er in Anlehnung an den alten Mythos, seine eigenen Kinder verschlungen? ... Ist vielleicht jetzt die Zeit gekommen, daß die Hoffnung, die schon dem Verdorren nahe war, wieder grüne für diejenigen, die ... all meine Beobachtungen als trügerisch und unhaltbar durchschaut hatten?*[41]

Galilei ist sich seiner Sache absolut sicher. Er ist überzeugt, daß gerade solche Phänomene wie das Verschwinden der Sterne aus dem Umkreis des Saturn nur zur Befestigung seiner Lehre dienen werden, wenn man sie genügend lange und genau beobachtet. *Mögen die Erscheinungen genau so eintreffen, wie ich erwarte oder in anderer Weise, das sage ich Euch, daß auch dieser Stern und vielleicht nicht weniger als die Erscheinung der gehörnten Venus in wunderbarer Weise seinen Beitrag gibt zur Harmonie des großen kopernikanischen Systems, zu dessen völliger Enthüllung so günstige Winde uns treiben und so leuchtendes Geleit uns die Bahn erhellt, daß wir nun Finsternis oder feindliches Wehen nur wenig mehr zu fürchten haben.*[42] Diese Sätze zeigen fast erschreckend, wie sehr sich Galilei im Triumphgefühl des erfolgreichen Forschers und Entdeckers außerhalb seiner Wissenschaft seinem Wunschdenken hingab. Zur gleichen Zeit, da sich seine Gegner formierten und sich die ersten Unwetter gegen ihn ballten, erlebte er *günstige Winde* und meint, *feindliches Wehen nur wenig mehr fürchten zu müssen.* Er unterschätzte er-

80

*Nikolaus Kopernikus. Zeitgenössisches Gemälde.
Ehem. Kopernikus-Oberschule, Thorn. Um 1570*

heblich den Widerstand derer, die sich als Hüter des alten Weltbildes bestellt sahen.

Aber selbst die Gutwilligen hatten außerordentliche Mühe, die Zentralgedanken des Kopernikus, die Bewegungen der Erde um die eigene Achse und um die Sonne, anzunehmen. So teilt am 27. Mai Paolo Gualdo aus Padua mit, wie schwer sich der Augsburger

81

Tycho Brahe. Silberstiftzeichnung von Tobias Gemperlin

Ratsherr Markus Welser tue, die Grundgedanken des neuen Weltbildes zu erfassen. «Es möge ihm noch eine Weile erlassen bleiben, Galilei auch im Punkte der Erdbewegung zu folgen, es gelinge ihm schlecht, seinen Verstand derart in Fesseln zu legen.» Es waren ja nicht nur neue Gedanken aufzunehmen. Das uralte Lebensgefühl, sich und die Erde so zu erleben, daß beide im Mittelpunkt des Weltgeschehens stehen, rebellierte. Selbst ein so hervorragender Geist wie der Astronom Tycho Brahe, der in gewissem Sinne Keplers Lehrer war, hielt nicht mit. Der entscheidende Widerstand aber kam von den Bibelgläubigen. Hier wurde das unerbittliche Wort von der «Unvereinbarkeit» in die Waagschale geworfen und damit die unüberschreitbare Grenze gezogen. Von nun ab wird die Frage eindeutig so gestellt: Ist die Lehre von der Bewegung der Erde mit den biblischen Schriften in Einklang zu bringen? Dabei war für jedermann, der nur ungefähr die damaligen Machtverhältnisse kannte, völlig klar, daß bei einer Verneinung dieser Kardinalfrage Galilei zum Häretiker gestempelt und sein Leben gefährdet sei. Auf dem Tridentiner Konzil war mit der Front gegen Luthers Bibelauslegungen dekretiert worden, «daß fortan niemand, der eigenen Klugheit vertrauend, wagen dürfe, in Dingen des Glaubens und der zum Aufbau der christlichen Lehre gehörenden Sitten die Heilige Schrift nach eigenem Sinne zu verdrehen und auszulegen gegen den Sinn, den die Heilige Mutter Kirche angenommen hat und annimmt, sie, der es zukommt, über den wahren Sinn und die Auslegung der Heiligen Schrift zu entscheiden oder auch gegen die einmütige Übereinstimmung der Väter».

Wieder ist es der uns schon bekannte Ludovico delle Colombe, der als erster auf den Plan tritt. Mit viel Aufwand glaubt er, Beweise für Aristoteles und Ptolemäus zu erbringen und darzutun, daß die neue Lehre gegen den heiligen Geist der Bibel sei.

Diese Schrift kursierte zwar nur als Manuskript, doch wurde Galilei ein Sonderexemplar vom Verfasser zugestellt. Aber selbstverständlich wurde sie auch den führenden Männern im Collegium Romanum vermittelt. Pater Clavius, geboren 1537 in Bamberg, hat sie noch gesehen. Er starb am 6. Februar 1612, ehe der unterirdische Kampf gegen Galilei üblere Formen annahm. Galilei selbst schwieg. Sein treuer Schüler und Freund, der Benediktiner Benedetto Castelli, erteilte die gebührende Antwort, indem er Colombe den Rat gab: «Macht Euch zuerst daran, die Elemente des Euklid zu studieren und fangt dabei mit der Definition des Punktes an, bemüht Euch dann, die Sphäre und die Planeten-Theorien zu verstehen; habt Ihr diese begriffen, so geht über zum Almagest des Ptolemäus und wendet allen Fleiß darauf, ihn Euch gut zu eigen zu machen; habt Ihr diese Kenntnis erlangt, so begebt Euch an das Buch der Revolutiones des Kopernikus, und gelingt es Euch, in den Besitz dieser Wissenschaft zu gelangen, so werdet Ihr zunächst Euch darüber aufklären, daß die Mathematik nicht, wie es in Eurer Schrift heißt, eine Wissenschaft für Kinder ist, sondern ein Studium für Menschen von hundert Jahren, und, was Euch noch wunderbarer sein wird: Ihr werdet Eure Meinung über den Kopernikus ändern und Euch vergewissern, daß es unmöglich ist, ihn zu verstehen und nicht mit seiner

Meinung übereinzustimmen.» Mit anderen Worten: Lieber Freund, Ihr seid ein grenzenloser Ignorant. Verschafft Euch erst einmal die einfachsten Voraussetzungen in Mathematik und Astronomie, ehe Ihr glaubt, mitreden zu können. Vorher hat es keinen Sinn, sich mit Euch auch nur zu unterhalten, geschweige denn Gesprächsergebnisse gemeinsamer Art zu erhoffen. Aber alle solche Freundschaftsdienste konnten nicht verhindern, daß das Gift der Denunziation: «Unvereinbar mit der Heiligen Schrift», immer wirksamer wurde. Schien es zunächst so, daß eine wirkliche Gegnerschaft nur von Rom, von der Kurie, von dem Inquisitionsgericht her für Galilei und den Kopernikanismus entstehen könnte, so mußte Galilei jetzt erfahren, daß wirkliche Gefahr in seiner nächsten Nähe, in Pisa und Florenz, drohte. Castelli war anläßlich der Anwesenheit des Großherzogs und der Großherzogin-Mutter in Pisa an zwei Abenden zum Hof geladen und hatte an Gesprächen teilgenommen, die um die Gefährlichkeit der neuen Lehre kreisten. Sein Bericht darüber veranlaßte Galilei zu einem Brief, in dem er mit größter Offenheit die Gründe darlegte, die für Kopernikus und gegen Ptolemäus sprachen. Darüber hinaus gab er seine Meinung kund, daß Bibel und Naturwissenschaft sich nie widersprechen können, da es nur e i n e Wahrheit gäbe. *Weil zwei Wahrheiten sich offenbar niemals widersprechen können, so ist es die Aufgabe der weisen Ausleger der Hl. Schrift, sich zu bemühen, den wahren Sinn der Aussprüche, letzterer in Übereinstimmung mit jenen notwendigen Schlüssen herauszufinden, welche sich vermöge des Augenscheines oder sicherer Beweise als gewiß ergeben.*[43] Man müsse nur bedenken, daß die Bibel kein astronomisches Lehrbuch, sondern für das Verständnis des einfachen Volkes geschrieben sei. Soweit Fragen der Natur zu klären seien, hätten nicht die Theologen, sondern die Naturforscher die Aufgabe, den zumeist bildlichen Sinn der Schrift auszulegen. *Ein Hineintragen der Heiligen Schrift in naturwissenschaftliche Diskussionen sei unzulässig.*

In dem Gespräch am großherzoglichen Hof hatte nach Castelli die Auslegung der Stelle im Alten Testament (Buch Josua, 10. Kapitel) – wie auch schon früher bei anderen Angriffen gegen den Kopernikanismus – eine Rolle gespielt: «Da der Herr die Amoriter dahingab vor den Kindern Israel, und Josua sprach vor dem gegenwärtigen Israel: Sonne stehe still zu Gibeon und Mond im Tale Ajalon! Da stand die Sonne und der Mond still, bis daß sich das Volk rächte an seinen Feinden. Also stand die Sonne mitten am Himmel und verzog unterzugehen beinahe einen ganzen Tag. Und war kein Tag diesem gleich, weder zuvor noch darnach, da der Herr der Stimme eines Mannes gehorchte, denn der Herr stritt für Israel.»

«Der Mensch durchbricht das Himmelsgewölbe und erkennt die Sphären».
Anonymer Holzschnitt, um 1530

Galilei bestand darauf, diese Stelle zu «entmythologisieren». Derselbe Effekt käme auch zustande, wenn auf Geheiß des Josua die Erdbewegung vorübergehend mit Gottes Hilfe angehalten worden sei.

Im übrigen bemüht sich Galilei um eine Grenzziehung zwischen Religion und Naturforschung, um Trennung und Verbindung von Glauben und Wissen. Steht er doch mit seinen Aussagen vor dem Ur-Phänomen des innermenschlichen Schisma, der neuzeitlichen Spaltung von Wissen und Glauben. Galilei selbst ist, wie wir sahen, für sein eigenes Bewußtsein überzeugter Katholik, gläubiger Sohn seiner Kirche. Aber es will nicht in seinen Sinn, daß Glaubenswahrheiten Naturerkenntnissen widersprechen können: *Ich bin geneigt, zu glauben, die Autorität der Hl. Schrift habe den Zweck, die Menschen von jenen Wahrheiten zu überzeugen, welche für ihr Seelenheil notwendig sind und die, jede menschliche Urteilskraft völlig übersteigend, durch keine Wissenschaft noch irgendein anderes Mittel als eben durch Offenbarung des Hl. Geistes sich Glaubwürdigkeit*

S. Peter Martyr. Gemälde von Fra Angelico. Museo San Marco, Florenz

verschaffen können. Daß aber dieser selbe Gott, der uns mit Sinnen, Verstand und Urteilsvermögen ausgestattet hat, uns deren Anwendung nicht erlauben und uns auf einem anderen Wege jene Kenntnisse beibringen will, die wir doch mittels jener Eigenschaft selbst erlangen können: d a s bin ich, scheint mir, nicht verpflichtet zu glauben.[44] Mit anderen Worten: Wozu hat der Mensch von Gott Sinne und Verstand erhalten, wenn sie ihm nicht dazu dienen sollen, Wahrheiten zu finden?

Bald danach lag ein Text dieses Briefes von Galilei an Castelli der Inquisition in Rom zur Begutachtung und Stellungnahme vor.

Aber es sollte noch schlimmer kommen. Die eifrigen Dominikaner aus dem Savonarola-Kloster San Marco waren auf Galilei und seine «ketzerische» Denkweise aufmerksam geworden. Als erster griff – im November 1612 – der Pater Niccolò Lorini ihn von der Kanzel aus an. Zwar war die Polemik noch ohne Namensnennung, sie richtete sich dem Wortlaut nach gegen «die Meinung jenes Ipernico oder wie er heißen möge», dessen Lehre im offenbaren Widerspruch zur göttlichen Schrift stehe. Aber alle Hörer wußten, daß Galilei gemeint sei.

Zwei Jahre später, am 4. Adventsonntag 1614, wurde Lorinis Ordensbruder, der Pater Tommaso Caccini, auf der Kanzel von St. Maria Novella noch deutlicher. Auch ihm hatte es die Stelle aus dem Josua-Buch angetan. Von ihr aus könne man erkennen, welch völlige Irrlehre durch Nikolaus Kopernikus verbreitet sei und nun auch durch den Mathematiker Galileo Galilei in Florenz verkündet werde. Es fallen die Worte «unvereinbar mit der Hl. Schrift» und «ketzerisch». Wenn Caccini zunächst seine Worte eine «liebevolle Ermahnung» genannt hat, so steigert er sich dann zu heftigem Angriff gegen die Mathematik überhaupt, die er als Teufelskunst, und die Mathematiker, die er als Urheber aller Ketzereien bezeichnet, so daß man sie «aus allen Staaten vertreiben müßte». Dies war nun nicht mehr «liebevoll», sondern grobes Geschütz. Überdies sorgten Lorini und Caccini dafür, daß man in Rom über die Ketzereien des Hofmathematikers in Florenz ausreichend unterrichtet wurde. Lorini war es, der am 7. Februar 1615 ein Exemplar des Briefes Galileis an Castelli dem Kardinalsekretär der römischen Inquisition übermittelt hatte. Der Begleitbrief ist der typische Brief eines Denunzianten:

«Da außer der gemeinsamen Schuldigkeit eines jeden guten Christen eine unendliche Verpflichtung allen Brüdern des heiligen Dominicus auferlegt ist, insofern sie von ihrem Heiligen Vater bestimmt wurden, die weißen und schwarzen Hunde des heiligen Officium zu sein, und unter ihnen insbesondere allen Theologen und Predigern, habe ich, der Geringste von allen und Euch, erlauchtester Herr, als untertänigster Diener ergeben, da in meine Hände ein Schriftstück gefallen ist, das allhier von Hand zu Hand geht und von denen herrührt, so sich Galileisten nennen, und behaupten, daß die Erde sich bewegt und der Himmel feststeht, nach den Lehren des Kopernikus, und in dieser Schrift nach dem Urteil aller unserer Väter dieses gottesfürchtigsten Klosters von St. Marco viele Sätze enthalten sind, die uns entweder verdächtig oder verwegen erscheinen, und da ich trotzdem sehe, daß diese Schrift von Hand zu Hand geht, ohne daß jemand von den Oberen sie anhält, und daß sie die heil. Schrift nach ihrer Weise und gegen die gemeinsame Auslegung der heil. Väter deuten wollen und eine Meinung verteidigen, die offenbar der heil. Schrift ganz und gar widerspricht; da ich überdies höre, daß man wenig ehrenvoll von den alten heil. Vätern und von St. Thomas redet, und daß man die ganze Philosophie des Aristoteles, deren sich die scholastische Theologie so viel bedient, mit Füßen tritt, und alles zusammengenommen, daß man, um sich als Schöngeist zu erweisen, tausend Impertinenzen sagt und durch unsere ganze Stadt verbreitet, die sich sowohl vermöge des guten Naturells ihrer Bewohner als auch der Wachsamkeit unserer durchlauchtigsten Fürsten so katholisch gehalten hat – darum also, habe ich mich entschlossen, Euch, erlauchtester Herr, das Schriftstück zu übersenden, damit Ihr, erfüllt wie Ihr seid von dem heiligen Eifer und durch Eure hohe Stellung mit Euren erlauchtesten Kollegen berufen, in solchen Angelegenheiten die Augen offen zu halten, wenn es Euch scheint, daß es der Korrektur bedarf, die Mittel in Anwendung bringen könnt, die Ihr für notwendig erachtet, damit der Irrtum, der im Anfang klein, nicht groß im Ausgang werde.»[45]

Eine solche Anzeige konnte und wollte die römische Inquisition nicht unbeachtet lassen. Vielleicht war sie sogar von ihr selbst angefordert.

Am 25. Februar fand eine erste Gerichtsverhandlung statt – natürlich ohne Wissen Galileis. Sein Brief an Castelli wurde geprüft und festgestellt, daß er irrtümliche Behauptungen über den Sinn und die Auslegung der Heiligen Schrift enthalte. Inzwischen war Pater Caccini von Florenz nach Rom versetzt worden und lebte im Zentrum des «Heiligen Offiziums», im Kloster St. Maria sopra Minerva. Am 20. März erschien er zur Aussage vor dem Generalkommissar der römischen Inquisition: «Ich bringe demnach bei dem Heiligen Offizium zur Anzeige, daß das öffentliche Gerücht geht, daß Galilei die folgenden beiden Sätze für wahr hält: die Erde bewegt sich als Ganzes in bezug auf sich selbst, auch in täglicher Bewegung, die Sonne ist unbeweglich, Sätze, die nach meinem Gewissen und Verstand mit den göttlichen Schriften, wie sie von den heiligen Vätern ausgelegt sind, im Widerspruch stehen und demgemäß dem Glauben widersprechen, der uns lehrt, daß wir als wahr anzunehmen haben, was in der Schrift enthalten ist.»[46]

Der Stein war ins Rollen gebracht, aber zunächst nur im Verborgenen. Selbst die sonst gut unterrichteten Freunde Galileis, wie Fürst Cesi, Monsignor Piero Dini und Giovanni Ciampoli, waren über diese Vorgänge nicht unterrichtet, und sie suchen Galilei, der Unheil witterte, zu beruhigen: «Soviel Sorgfalt Mgr. Dini und ich darauf verwandt haben, zu entdecken, ob irgend etwas Nennenswertes vorgehe, so hat sich doch durchaus nicht das Geringste gefunden»[47], schreibt Ciampoli nach Florenz. Die Wirklichkeit sah anders aus. Auf der nächsten Sitzung der Generalkongregation wurde der Papst durch Verlesung des Protokolls der Vernehmung Caccinis informiert. Auch die Inquisition in Florenz wurde verständigt und beauftragt, weitere Zeugen zu vernehmen. Galilei wußte von alledem nichts. Inzwischen war nach dem Tode von Christoph Clavius (1612) als leitendem Mathematiker dessen Schüler Christoph Grienberger sein Nachfolger am Jesuitenkollegium in Rom geworden. Auf ihn und seinen Beistand hatte Galilei gehofft. So war es für diesen eine Enttäuschung, daß Grienberger nach Kenntnisnahme des Briefes an Castelli sich sehr zurückhaltend äußerte: «Es wäre ihm lieb gewesen, wenn Galilei erst seine Beweise gebracht und dann sich darauf eingelassen hätte, von der Schrift zu reden; was die Argumente für seine Ansicht angehe, so möchten sie wohl mehr plausibel als wahr sein.»[48] Ganz allgemein wirkte sich ungünstig aus, daß Galilei in seinem Brief für den naturwissenschaftlichen Laien sozusagen ein Mitspracherecht in der Schriftauslegung gefordert hatte. Selbst die Kardinäle dal Monte und Barberini (der spätere Papst Urban VIII.), die beide zum damaligen Zeitpunkt Galilei gegenüber freundschaftlich gesonnen waren, hatten an diesem Punkt Anstoß genommen. Der Rat, der nach Florenz ging, war einhellig – auch Kardinal Bellarmin war der Meinung, daß Galilei nur als Physiker, Mathematiker und Astronom reden und schreiben, aber die Hände von der Theologie lassen möge. So wie es in der Einleitung des Kopernikus-Werkes durch Osiander zum Ausdruck kommt, solle sich auch Galilei verhalten: die Bewegungsverhältnisse im Planetensystem nur hypothetisch vortragen, sie aber nicht apodiktisch behaupten.

Gerade diesen Rat aber wollte Galilei nicht befolgen. Ihm ging es um die Wahrheit und nicht um eine «Philosophie des als ob». Wie sind die Bewegungen der Planeten in Wirklichkeit? Wer sieht den wahren Sachverhalt? Ptolemäus oder Kopernikus? Bewegt sich die Erde oder steht sie still? – Das sind die Fragen, zu deren Beantwortung Galilei alle Kraft eingesetzt hat, darum gibt es für ihn keine Relativierung der Wahrheit. Darum gilt nach seinen Worten Kopernikus gegenüber: *man muß ihn entweder ganz verdammen oder ihn lassen, wie er ist.*

Galilei gibt sich der trügerischen Hoffnung hin, die Inquisition und vor allem den Kardinal Bellarmin für sich gewinnen zu können. Wieder greift er zur Feder und schreibt einen bekennenden Brief über sein erkennendes Forschen, jetzt an Piero Dini (Mai 1615). Die Mahnung von Pater Grienberger will er gerne beachten und *die Bibelauslegung denen überlassen, die unendlich viel mehr davon verstehen.* So schreibt er und meint es sicher auch so. Da es ihm aber um den Zusammenklang von Forschung und kirchlicher Lehre, von Wissen und Glauben, von Natur und Bibel geht, legt er seinem Brief an Dini eine Ausarbeitung bei, die genau das entgegengesetzte Verhalten demonstriert. Dini hatte ihm mitgeteilt, daß Bellarmin als Argument gegen den Kopernikanismus den 19. Psalm ins Feld geführt habe, in dem es von der Sonne heißt: «Sie freut sich wie ein Held, den Weg zu laufen». In einer ausführlichen Erörterung sucht Galilei zu erweisen, daß gerade diese Stelle von sei-

89

ner bzw. des Kopernikus Sicht aus trefflich verstanden werden könne. Er schließt mit den Worten: *Wir wissen, daß die Absicht dieses Psalmes ist, das göttliche Gesetz zu loben und daß der Psalmist es deshalb mit dem Himmelskörper vergleicht, der schöner, nützlicher und mächtiger ist als alle anderen Dinge der Körperwelt; nachdem er also das Lob der Sonne gesungen hat, von der ihm wohlbekannt ist, daß sie alle Körper der Welt um sich herum in ihren Bahnen bewegt, geht er zu den größeren Vorzügen des göttlichen Gesetzes über.* «Das Gesetz des Herrn» sagt er (nach dem lateinischen Text), «ist ohne Flecken, wendet die Seelen» – als wollte er sagen: «das Gesetz ist um so viel vortrefflicher als die Sonne selbst, als fleckenlos sein und die Kraft besitzen, die Seelen zu lenken, höher steht, als mit Flecken bedeckt zu sein, wie es die Sonne ist, und die körperlichen Kugeln der Weltkörper um sich herum führen.»[49]

Man lese diese umständlichen, geschachtelten Sätze ruhig mehrfach, bis ihr Inhalt deutlich geworden ist. Denn dann hat man einen Eindruck von dem naiven Bewußtsein Galileis erhalten, mit dem er seinen Kampf mit der Inquisition aufnahm. Erfüllt, um nicht zu sagen besessen, von seinen eigenen Entdeckungen und dem Glauben an den Sieg der Wahrheit des Kopernikanismus hofft er, mit Argumenten seine Gegner umstimmen zu können und mutet den Lesern zu, anzunehmen, daß der Psalmist über Sonnenflecken und die Stellung der Sonne innerhalb des Planetensystems im Sinne von Kopernikus und Kepler unterrichtet gewesen sei. Überdies tut er exemplarisch gerade das, was ihm Grienberger zu tun abgeraten und er selbst zu befolgen zugesagt hat: er interpretiert als Naturforscher die Bibel zu seinen Gunsten. Im übrigen enthält das beigelegte Schreiben eine Darstellung, die Galileis Auffassung vom spirituellen Untergrund aller Kreatur und im besonderen vom Wesen der Sonne wiedergibt. Ähnlich wie Kepler läßt er die Sonne als Mitte des Systems nicht nur Licht ausstrahlen, sondern entsprechend der Wirksamkeit des Herzens in einem Organismus auch als *Sammelbehälter* empfangen, was von den Wandelsternen zurückflutet. Sie ist ihm das Zentrum für den Geist, der vor der Erschaffung der Sonne nach der Genesis *mit seiner erwärmenden und befruchtenden Kraft über den Wassern schwebte.* Darum ruht sie, und alle anderen Weltkörper umkreisen sie. Der Empfänger dieses «Sonnenhymnus», Piero Dini, war zuerst bereit, den Brief an Bellarmin weiterzugeben, wurde aber vom Fürsten Cesi daran gehindert. So antwortete er: «Die Erklärung der Sonne lasse ich niemand sehen, der nicht mit Euch ist, weil es noch nicht scheint, daß die Notwendigkeit der Erdbewegung den rechten Anklang findet.»

Galilei muß trotz aller Befangenheit im eigenen Enthusiasmus gespürt haben, daß seine Lage im ganzen zunehmend gefährlicher wurde. Der Brief an Dini hat nicht die erhoffte Wirkung gehabt. Es war ihm nicht gelungen, den Kreis derer, die in Rom für ihn und den Kopernikanismus einzutreten bereit waren, zu erweitern. Da ihm nicht, wie seinen Gegnern, Kanzeln zur Verfügung standen, von denen aus er seine Gedanken hätte rechtfertigen können, griff er erneut zur Feder. Als Empfänger seines nächsten «Briefes» wählte er nun die einflußreiche Großherzogin-Mutter Christine und richtete an sie die ausführlichste seiner Verteidigungsschriften. Er hoffte, durch Christine von Toscana eine breitere Öffentlichkeit zu erreichen, die sowohl über den Kopernikanismus wie über seine eigene innere Situation unterrichtet werden sollte. Der Inhalt dieses neuen Briefes weicht nicht wesentlich von den Schreiben an Castelli und Dini ab. Doch ist Galilei dieses Mal bemüht, vor allem sein ungetrübt positives Verhältnis zur Kirche darzulegen und darüber hinaus seine prinzipiellen Auffassungen über das Verhältnis von Glauben und Wissen zu erläutern. So beginnt er mit Bezeugung seiner vollen Ergebenheit der Kirche und ihrer Führung gegenüber: *Ich verehre und achte als höchste Autorität die Schrift, die heiligen Theologen und Konzilien und würde es als höchste Verwegenheit ansehen, ihnen widersprechen zu wollen, sofern sie der Vorschrift der heiligen Kirche gemäß zur Geltung gebracht werden; aber ich glaube auch, daß es kein Irrtum sei, das Wort zu nehmen, wenn die Annahme möglich ist, daß man sie um des eigenen Nutzens willen anführen und sich ihrer in anderem Sinne bedienen will, als es der heiligsten Absicht der heiligen Kirche entspricht.*[50] Gern ist Galilei bereit, anzuerkennen, daß die Theologie die Königin aller Wissenschaften sei, nur pflegt – nach Galilei – eine Königin sich nicht in Dinge einzumischen, von denen sie nichts versteht. Bei allem Recht, Gehorsam fordern zu können, würde ein weiser Fürst sich ja doch nie anmaßen, Kranke heilen oder Häuser bauen zu wollen. Das überläßt er den Ärzten und den Architekten, die von diesen Tätigkeiten eben mehr als der Fürst verstehen. So könne man auch den Astronomen nicht sagen, was sie nach Meinung der Theologen am Himmel zu finden haben. *Den Lehrern der Astronomie gebieten, daß sie selbst die Sorge übernehmen, sich gegen die eigenen Beobachtungen und Beweise zu schützen, weil sie doch nur Trugschlüsse und Sophismen seien, heißt: ihnen gebieten, was mehr als unmöglich zu leisten ist, weil man ihnen damit nicht nur gebietet, daß sie nicht sehen, was sie sehen, und nicht begreifen, was sie begreifen, sondern, daß sie suchend das Gegenteil von dem finden, was ihnen in die Hände fällt.*[51] Galilei möchte auch in diesem Brief wieder deutlich machen, daß es für die Naturforschung nur eine Instanz gibt: die Wahrheit,

91

und daß es auch im Sinne des Lehramtes der Kirche ist, wenn diese Instanz respektiert wird. So zitiert er Augustinus, der geschrieben hat: «Was die Weisen dieser Welt über die Natur der Dinge wahrhaft beweisen können, von dem wollen wir zeigen, daß es unseren Schriften nicht widerspricht; sofern sie aber in ihren Büchern etwas lehren, was den heiligen Schriften widerspricht, so werden wir es unbedenklich als völlig falsch ansehen, und so gut wir können, als falsch erweisen.» Galilei knüpft hier an Sätze an, die sonst gegen ihn und Kopernikus ins Feld geführt werden. Er aber hält sich an die letzten Worte: «so gut wir können, als falsch erweisen» – und da ist er zutiefst überzeugt, daß dem Kopernikanismus gegenüber nichts bestehen kann – weil er wahr ist. Man dürfe den Kopernikanismus nicht verbieten, solange er nicht widerlegt sei. *Wenn es genügte, um diese Meinung und Lehre aus der Welt zu schaffen, einem einzelnen den Mund zu schließen ... so wäre das außerordentlich leicht getan; aber so steht die Sache nicht; um einen solchen Beschluß zur Ausführung zu bringen, müßte man nicht allein das Buch des Kopernikus und die Schriften der anderen Autoren verbieten, die derselben Lehre anhängen, man müßte auch die ganze Wissenschaft der Astronomie verbieten, und mehr noch, den Menschen verbieten, gen Himmel zu blicken, damit sie nicht Mars und Venus sähen, wie sie mit wechselnder Entfernung von der Erde zu gewissen Zeiten vierzig- und sechzigmal größer erscheinen als die anderen ... und noch vieles andere, was die Sinne wahrnehmen, was in keiner Weise mit dem Ptolemäischen System vereinbar ist, aber die stärksten Argumente für das Kopernikanische bildet.* Offenkundig befürchtet jetzt Galilei ein Verbot des Kopernikanismus und sucht seine Verteidigung im Angriff: *Den Kopernikus verbieten, jetzt, wo durch viele neue Beobachtungen und durch die Beschäftigung zahlreicher Gelehrter mit seinem Werke sich von Tag zu Tag seine Annahme als wahrer und seine Lehre als besser befestigt bewährt ... dünkt mich, als wollte man der Wahrheit sich um so mehr widersetzen: ... je offenbarer und klarer sie zutage tritt ...*

Die ganze Wissenschaft verbieten – was anders wäre das, als hundert Stellen der heiligen Schriften zuwiderhandeln, die uns lehren, wie der Ruhm und die Größe des Höchsten wunderbar in allen seinen Werken erkannt wird und in göttlicher Weise in dem offenen Buche des Himmels zu lesen ist? [52] An dieser Stelle tritt der Galileo Galilei in Erscheinung, der nicht nur ein gehorsamer Diener seiner Kirche sein will, sondern jenseits aller Kirchlichkeit als Mensch echt fromm ist. Diese seine Frömmigkeit sagt ihm, daß die Natur gleichfalls Offenbarung ist. So wie es die Aufgabe der Theologie ist, die in den heiligen Schriften verborgene Offenbarung der

Gottheit zu entziffern, zu lesen und zu verstehen, so fühlt Galilei als Naturforscher die Verpflichtung, im Buch der Natur als göttlicher Offenbarung lesen zu lernen, um so zu wahrem Geistverständnis durchzudringen. *Und glaube doch niemand, daß die höchsten Gedanken, die auf den Blättern dieses Buches eingetragen stehen, zu Ende gelesen sind, wenn man nur den Glanz der Sonne und der Sterne und ihren Auf- und Untergang betrachtet; nein, sie enthalten Geheimnisse so tief und Gedanken so erhaben, daß die durchwachten Nächte, die Arbeiten und Studien von Hunderten der feinsinnigsten Geister in Tausenden von Jahren ununterbrochener Forschung noch nicht ausgereicht haben, in sie einzudringen.*[53]

Galilei ist überzeugt, daß Kopernikus, Kepler und er die Stimme der Wahrheit sind und daß ein Verbot ihrer Weltsicht nur auf die Kirche und ihre Einrichtungen ungut zurückschlagen würde. Seiner Meinung nach haben Kirche und Forschung das gleiche Interesse – er selbst will keineswegs *eine Frucht gewinnen, die nicht fromm und katholisch wäre*. Noch glaubt und hofft Galilei, daß sich alles in seinem Sinne zum Guten wenden wird.

Im selben Jahre 1615, in dem Galilei seine Briefe zur Abwehr der Denunziationen durch Lorini und Caccini an Piero Dini und die Großherzogin Christine schrieb, erschien von dem Karmeliter-Pater Paolo Antonio Foscarini (1580–1616) eine Schrift «Über die Meinung der Pythagoräer und des Kopernikus» in Neapel. Ohne jede Einschränkung bekennt sich Foscarini zum Kopernikanismus, zu Kepler und Galilei. Die alten astronomischen Systeme hält er für endgültig überholt. «Welches andere, bessere wird sich finden lassen als das kopernikanische?» fragt er. Da er selbst Priester und kein Astronom ist, interessiert er sich vorab für das prekäre Problem, ob ein Widerspruch zur Heiligen Schrift vorliege. Er doziert: «Entweder ist diese Meinung der Pythagoräer wahr, oder sie ist es nicht; ist sie nicht wahr, so ist sie nicht wert, daß man davon rede; ist sie wahr, so bedeutet es nichts, wenn sie allen Philosophen und Astronomen widerspricht... Auch was mit der Heiligen Schrift zusammenhängt, wird ihr nicht schaden, weil eine Wahrheit der anderen nicht widersprechen kann. Ist also die Pythagoreische Meinung wahr, so wird ohne Zweifel Gott die Worte der Heiligen Schrift in solcher Weise diktiert haben, daß sie einen Sinn annehmen können, der eben dieser Meinung entspricht und sich mit ihr in Einklang bringen läßt.»

Foscarini fühlt sich berufen, als Theologe den Kopernikanern zu Hilfe zu kommen. In sechs Gruppen ordnet er die Einwände, die scheinbar von Bibelstellen her gegen das neue Weltsystem erhoben werden könnten und sucht sie zu widerlegen. Zur Zeit des Erscheinens seiner Schrift war Foscarini in Rom. «Seine Schrift konnte in keinem günstigeren Zeitpunkt herauskommen», jubelte Cesi in einem Brief an Galilei – und täuschte sich wieder einmal. In diesem Augenblick scheint Galilei die Lage realistischer beurteilt zu haben. Er wird sich gesagt haben: Wie kann die Inquisition still bleiben, wenn «Ketzer» – und seien sie ihrem Selbstverständnis nach noch so treue Söhne der Kirche – so laut wie Foscarini das Wort ergreifen? Darum macht er sich im November, trotz der schlechten Jahreszeit, auf den Weg nach Rom, um gegen die Verleumdungen seiner Feinde aufzutreten und um das drohende Verbot der kopernikanischen Lehre, wenn irgend möglich, zu verhindern.

GALILEI ERNEUT IN ROM
(November 1615 bis Juni 1616)

Der toskanische Gesandte in Rom, Pietro Guicciardini, der schon seinerzeit (1611) mit Bellarmin über Galilei gesprochen hatte, sah dessen Kommen mit gemischten Gefühlen entgegen. Wohl anerkannte er das bedeutende Talent und den außergewöhnlichen Geist des florentinischen Hofmathematikers, aber seinem Staatssekretär Curzio Picchena in Florenz gegenüber brachte er deutlich zum Ausdruck, wie er über einen erneuten Besuch Galileis in Rom dachte: «Ich weiß nicht, ob er sich in bezug auf Temperament und Lehre verändert hat, aber ich weiß, daß einige Brüder des heiligen Dominicus, die Anteil am heiligen Officium haben, und andere ihm übel gesinnt sind. Dies ist kein Land, um über den Mond zu disputieren oder namentlich in diesem Zeitalter neue Lehren vertreten und einführen zu wollen.»

«Dieses Zeitalter» ist, das darf zum Verständnis des «Falles Galilei» nie vergessen werden, das Zeitalter der Gegen-Reformation. Und dementsprechend ist auch die Stimmung, die Galilei bei den maßgebenden Persönlichkeiten vorfindet. Nach wenigen Wochen hat er durchschaut, *wie man der Schlingen ihm so viele gelegt, daß, wäre er nicht in Person nach Rom gekommen, er sich unfehlbar in der einen hätte verstricken müssen, aus der er dann niemals oder doch nicht ohne größte Schwierigkeit sich hätte befreien können* [54]. Jetzt werden ihm seine Illusionen genommen, die er so lange in sich genährt hat. Er lernt das ganze römische Intrigenspiel, vor allem aber die mit der Inquisitionsbehörde verbundenen Dominikaner und Jesuiten kennen. Darüber klagt er im Brief an Picchena: *Das Ganze behalte ich mir bis auf die mündliche Mitteilung vor, denn von un-*

glaublichen Dingen werde ich zu berichten haben, die von den drei allgewaltigen Schmieden: der Unwissenheit, dem Neide und der Gottlosigkeit geschmiedet worden sind (Januar 1616).[55]

So dachte er, nachdem er zwei Monate Rom-Erfahrung hinter sich hatte. Zunächst sah es allerdings anders aus. Er kam mit Empfehlungsbriefen seines Großherzogs an verschiedene hochgestellte Persönlichkeiten – so an die Kardinäle Borghese, dal Monte und Orsini – und wurde mit allen Ehren aufgenommen. Sofort suchte und fand er manche Gelegenheit, seine Gedanken freimütig zu äußern. Freunde stellten ihm ihre Häuser und Räume zur Verfügung, in denen je nach der Zusammensetzung der Teilnehmer Gespräche, Diskussionen und Vorträge stattfanden. Berichten von Monsignore Antonio Querenghi entnehmen wir:

30. Dezember 1615: «Wir haben hier den Galileo, der häufig in Vereinigungen von Freunden der Wissenschaft erstaunliche Reden über die Meinung des Kopernikus hält, die er als wahr betrachtet; die Versammlungen finden zumeist in dem Hause des Herrn Cesarini statt...»[56]

20. Januar 1616: «An Galileo würdet Ihr großen Gefallen finden, wenn Ihr ihn reden hörtet, wie es häufig geschieht, umringt von fünfzehn oder zwanzig, die ihm grausam zu Leibe gehen, bald in dem einen Hause, bald im andern. Aber er ist wohl gefestigt, daß er sie insgesamt verlacht; und wenn er auch nicht zu seiner neuen Meinung bekehrt, so zeigt er doch, wie ohne Wert die meisten Beweisgründe sind, mit denen die Gegner ihn zu bekämpfen suchen... Und was mir dabei am besten gefiel, war seine Art, die Einwände zuerst mit scheinbar gewichtigen Gründen zu bekräftigen, um seine Gegner nur um so lächerlicher erscheinen zu lassen, wenn er sie vernichtete» (an Kardinal Alessandro d'Este, Modena).[57]

Im Hause des Kardinals Orsini trägt er zur weiteren Begründung des Kopernikanismus seine Auffassungen von Ebbe und Flut sowie der Passatwinde vor. Beides erklärt er als Folgen der Erdbewegung. Während er bei den Passatwinden der heute gültigen Erklärung sehr nahekommt, war er über die Ursachen, die Ebbe und Flut bewirken, im Irrtum. Er möchte den Mond als «Beweger» ausgeschaltet wissen und nur die Erdumdrehung für das Auf und Nieder der Meeresfluten verantwortlich machen. Es mutet wie eine Ironie des Schicksals an, daß Galilei gerade in der besonderen Gefahrstunde in Rom den schlechtesten aller seiner Beweise mit besonderer Ausführlichkeit vorträgt. Ob seine Feinde dies überhaupt bemerkt haben, ist zu bezweifeln. Sie waren durchweg gar nicht in der Lage, seinen Beweisführungen zu folgen, geschweige denn, ihm darin Fehler nachzuweisen. Wohlwill charakterisiert Galileis Lage in Rom: «Ein Truggebilde also war ohne Zweifel, was Galilei als primäre Ursache der Meeresflut seinen römischen Zuhörern darbot, und wahrhaft tragisch erscheint die Selbsttäuschung, in der er gerade jetzt, wo es galt, die widerstrebenden Geister zu versöhnen und zu bekehren, als kräftigstes Beweismittel für die Bewegung der Erde eben diese seit Jahrzehnten im verschwiegenen Sinn bewahrte Erkenntnis» – die in einem Irrtum bestand – «zum erstenmal ans Licht bringt.» Unter allen Begegnungen, die Galilei in Rom hatte, mußte er seine Gespräche mit Kardinal Robert Bellarmin als entscheidend für seine Zukunft ansehen. Bellarmin war zu dieser Zeit die zentrale Persönlichkeit der Kurie und Inquisition. Wir kennen nur das Resultat: es gelang Galilei nicht, diesen römischen Diplomaten ersten Ranges auf seine Seite zu ziehen. Damit aber war seine Niederlage besiegelt. Diese vollzog sich in dem kurzen Zeitraum vom 19. Februar bis 3. März 1616. Die Etappen des Prozesses, der zur Verurteilung des Kopernikanismus durch das Heilige Offizium führte, waren:

19. Februar: Auf Befehl des Papstes werden elf theologische Sachverständige aufgefordert, die Gültigkeit oder Ungültigkeit der beiden Sätze zu prüfen: 1. Die Sonne ist das Zentrum der Welt und infolgedessen unbeweglich. 2. Die Erde ist nicht das Zentrum der Welt und nicht unbeweglich, sondern bewegt sich in bezug auf sich selbst auch in täglicher Bewegung.

23. und 24. Februar: Beratung der elf Theologen, fast alle Dominikaner oder Jesuiten, mit dem Urteil in Einhelligkeit: ad 1, daß diese Behauptung töricht und absurd in der Philosophie sei und formell ketzerisch, da sie mehreren Stellen der Heiligen Schrift eindeutig nach dem Wortlaut und nach der übereinstimmenden Auslegung und Auffassung der heiligen Väter und der theologischen Doktoren widerspricht. Ad 2, daß der zweite Satz in der Philosophie wie der erste zu beurteilen ist und in bezug auf die theologische Wahrheit zumindest irrtümlich für den Glauben.

Das Urteil über den Kopernikanismus wird von den elf Theologen unterschrieben.

25. Februar: Kardinal Bellarmin erhält vom Papst den Befehl, Galilei zu sich rufen und ihn zu ermahnen, sich entsprechend dieser Beschlußfassung zu verhalten.

26. Februar: Galilei erscheint im Palast des Kardinals Bellarmin. In Gegenwart des Kommissars des Heiligen Offizium, P. Michael Angelo Seghizzi de Lauda, belehrt ihn der Kardinal über das Irrtümliche seiner Meinung und ermahnt ihn, dieselbe aufzugeben. Galilei erklärt, daß er sich der Weisung unterwerfe.

3. März: Bellarmin berichtet in der Sitzung der Generalkongrega-

tion der römischen Inquisition über Galileis Unterwerfung. Das Dekret gegen den Kopernikanismus wird verlesen und seine Veröffentlichung angeordnet.

5. März: Das Dekret wird veröffentlicht. Es ist unterzeichnet von dem Präfekten der Indexkongregation, Kardinal Sfondrati und dem Sekretär, dem Dominikaner Francescus Magdalenus Capiferreus. Hinzugefügt war die Bestimmung. «Aller Orten zu veröffentlichen». Den Namen Galilei enthielt das Dekret nicht. Statt dessen wird ausdrücklich das Buch des Nikolaus Kopernikus «De revolutionibus orbium coelestium» genannt. Desgleichen die Schrift von Didacus da Stunica zum «Hiob» und das Werk von P. Antonio Foscarini. Während die Bücher des Kopernikus und von da Stunica nur suspendiert werden sollen, bis sie verbessert sind, wird die Schrift Foscarinis gänzlich verboten und verdammt. «Niemand, wes Grades oder welcher Stellung er sei, dürfe bei den Strafen, wie sie im heiligen Tridentiner Konzil und dem Index der verbotenen Bücher verordnet worden, sich unterfangen, die genannten Schriften zu drucken oder drucken zu lassen, dieselben irgendwie bei sich zu bewahren oder zu lesen...»

1543 war das großartige Werk des ostpreußischen Domherren Nikolaus Kopernikus erschienen und hatte sich, wenn auch in kleinem Kreise, ausgewirkt. 73 Jahre später unterlag es diesem Verdammungsurteil der Indexkongregation. Erst 1835 wurde es vom «Index» gestrichen. Bis ins 20. Jahrhundert hinein hat die römische Kirche an selbst die Folgen dieses Attentats auf die Denkfreiheit ihrer Gläubigen zu spüren bekommen.

Zugleich war damit auch der erste Akt des «Falles Galilei» beendet. Der Vorhang fiel, es folgten sieben Jahre des Schweigens.

DAS NACHSPIEL

> *Ich glaube, daß es in der Welt keinen größeren Haß gibt als den der Unwissenheit gegen das Wissen.*
>
> Galileo Galilei

Niemand kann mit Sicherheit sagen, wie es in der Seele des Galileo Galilei nach diesem Todesurteil über den Kopernikanismus aussah. Seine Feinde triumphierten, seine Freunde suchten ihn zu trösten. Er selbst war ja glimpflich davongekommen. Nicht einmal seine Schriften, wie die über die Sonnenflecken, die ein eindeutiges Bekenntnis zu Kopernikus enthält, waren verboten worden. Trotzdem war es für jedermann klar: der Prozeß gegen Kopernikus, Foscarini und Genossen hatte sich in erster Linie gegen Galilei gerichtet. Nun hatte er Bellarmin versprochen, sich «bessern» zu wollen. Aber sein Lebensnerv war getroffen, obwohl man in der Form Galilei selbst gegenüber auffallend zurückhaltend und milde gewesen war.

Doch es gingen Gerüchte in die Welt, die Galilei weiter diffamierten. Er habe, so berichtet Castelli aus Pisa, «dem Kardinal Bellarmin in die Hand abschwören müssen». Dem Freund in Venedig, Sagredo, trug man zu, Galilei sei von der Inquisition nach Rom zitiert, dort wegen seiner irrigen und ketzerischen Lehrmeinung mit Bußen, Fasten, Sakramentsverweigerung und anderem bestraft worden. Um diesen unwahren Verbreitungen und entehrenden Verdächtigungen, deren Quelle Galilei sich leicht denken konnte, einen Riegel vorzuschieben, wandte er sich an Bellarmin mit der Bitte, ihm in einem rehabilitierenden Schreiben die Haltlosigkeit der von Castelli und Sagredo aufgefangenen Gerüchte zu bestätigen. Der Kardinal kam dieser Bitte unverzüglich nach und erklärte handschriftlich, «daß Galilei nicht in seine Hand, noch in die eines andern weder in Rom noch an anderem Orte, soviel er wisse, irgendeine von ihm gehegte Meinung oder Lehre abgeschworen habe, und daß ihm ebensowenig heilsame oder irgendwelche Bußen auferlegt seien; es sei ihm nur die von Sr. Heiligkeit erlassene und von der Indexkongregation veröffentlichte Erklärung mitgeteilt worden, in der enthalten ist, daß die dem Kopernikus zugeschriebene Lehre, daß die Erde sich um die Sonne bewegt und daß die Sonne im Zentrum der Welt steht, ohne sich von Osten nach Westen zu bewegen, der Heiligen Schrift zuwiderlaufe und deshalb nicht verteidigt und nicht für wahr gehalten werden dürfe».

Was nützte es Galilei, daß die Kardinäle dal Monte und Orsini wohlwollend über ihn an Cosimo II. schrieben: «Man könne versichern, daß an Galileis Person nicht der geringste Flecken hafte; er scheide aus Rom mit unangetastetem Namen und mit lobender Anerkennung aller derer, die mit ihm verhandelt haben.»[58] In Florenz dachte man nüchterner. Staatssekretär Picchena mahnte Galilei Ende Mai dringend – fast sieht es so aus, als habe sich Galilei wegen seiner de-facto-Niederlage vor der Rückkehr nach Florenz geschämt –, Rom endlich zu verlassen: «Ihr habt die Verfolgungen der Mönche erprobt und wißt, wie sie schmecken. Ihre Hoheiten fürchten, daß Euer längeres Verweilen in Rom Euch Unannehmlichkeiten verursachen könne und deshalb würden sie es loben, da Ihr bis jetzt mit Ehren daraus hervorgegangen seid, daß Ihr den Hund nicht weiter stachelt, solange er schläft, und so bald als möglich hierher zurückkehrt, denn es gehen Gerüchte um, die nicht erwünscht sind, und die Mönche sind allmächtig.»[59] Deutlicher konnte die Warnung nicht sein. Auch Galilei kannte die Reißzähne des «schlafenden Hundes». So kehrte er Anfang Juni 1616 heim nach Florenz, schwer getroffen, aber nicht gebrochen.

IL SAGGIATORE
(1623)

Galilei war nach Rom gefahren, um das drohende Verbot der kopernikanischen Weltauffassung zu verhindern. Der Eifer, mit dem er dabei zu Werke ging, trug ihm mehr Feindschaft als Freundschaft ein. Insbesondere hatte er sich die Gegnerschaft der in Rom tätigen Jesuiten zugezogen. Jetzt war es nicht mehr Scheiner allein, der infolge des Sonnenflecken-Prioritätsstreites ihm mißgünstig gesonnen war. Die Unterschätzung dieser machtvollen Gruppe aus dem Orden des Ignatius von Loyola und die gleichzeitige zu hohe Selbsteinschätzung seiner eigenen Argumente wurde Galilei schnell zum Verhängnis. Seine Niederlage war, trotz der äußerlich vornehmen Behandlung, die er erfuhr, eine vollständige. Dabei hatte er nicht einmal falsch kalkuliert, als er sich vor seiner Rom-Reise Hoffnungen auf eine Wendung zu seinen Gunsten machte. Aber schon 1616 galt, wie 1633 Pater Grienberger die Lage beurteilte: «Hätte Galilei sich die Zuneigung der Väter dieses Kollegs» – der Jesuiten im Collegium Romanum – «zu erhalten gewußt, so würde er ruhmvoll in der Welt leben.»[60]

Es mag sein, daß Galilei auch jetzt noch nicht die volle Tragweite der Verurteilung der kopernikanischen Lehre erfaßt hatte. Zu sehr war er von ihrer Wahrheit durchdrungen. Und da er sich selbst ohne jeden Zweifel für einen treuen Sohn der römischen Kirche hielt, gab er den Glauben an eine mögliche Anerkennung durch das «Heilige Offizium» nicht auf. Voraussichtlich trug auch das Verhalten Bellarmins dazu bei, daß Galilei in Rom nicht gänzlich von seinen Illusionen geheilt wurde. Hatte doch Bellarmin das ganze Verfahren, soweit es Galilei betraf, weltmännisch und großzügig erledigt. Kardinal Bellarmin hatte laut Aktenvermerk vom 25. Februar von Papst Paul V. den Auftrag erhalten, «Galilei zu sich zu rufen und dringlich zu ermahnen, von dem Irrtum des Kopernikus Abstand zu nehmen. Wenn er sich weigern würde, so solle der Kommissar der Inquisition vor Notar und Zeugen ihm das Verbot erneut auferlegen. Wenn er dann aber immer noch Widerstand leiste, so solle er ins

Gefängnis abgeführt werden.»[61] Es ist anzunehmen, daß Galilei von
dieser drohenden Version nichts erfahren hat. Wohl aber wurde die
Inquisitionsbehörde von dieser päpstlichen Anordnung durch den
Kardinal Mellinus in Kenntnis gesetzt. Man hat die Vermutung geäußert, diese Anordnung sei erst später zu den Akten – also als
Fälschung – hinzugefügt worden. Ein überzeugender Grund für eine
solche Annahme ist nicht vorhanden – auch nicht in der von Bellarmin abgegebenen Erklärung zur «Ehrenrettung» Galileis. Doch bleibt
die Möglichkeit einer Fälschung offen.

Wie es im Innern Galileis aussah, geht aus einem Brief hervor, den
er 1618 an den Erzherzog Leopold von Österreich geschrieben hat.
Dieser hatte von Galilei seine Schrift über die Sonnenflecken erbe-
ten. Galilei kam dem Wunsche nach, schickte ihm die gedruckten
Briefe und fügte auch seine kleine Arbeit über *Ebbe und Flut* hinzu,
die Niederschrift eines Vortrages, den er Ende des Jahres 1615 im
Hause des Kardinals Orsini gehalten hatte. *Damals beschäftigten sich
jene Theologen mit dem Gedanken, das Buch des Kopernikus und
die darin enthaltene Lehre von der Erdbewegung zu verbieten. Ich
hielt sie damals für wahr, bis es jene Herren für gut fanden, das
Buch zu verbieten und die Lehre für falsch und im Widerspruch mit
der Heiligen Schrift zu erklären.*[62] Es kann also keine Rede davon
sein, daß Bellarmin das Verbot nicht klar genug ausgesprochen hätte
und darum Galilei sich in Illusionen über die Eindeutigkeit des Verbotes bewegt hätte. Galilei hat die vorsichtige Formulierung des Dekretes der Indexkongregation durchaus verstanden: Die Lehre des
Kopernikus ist eine Häresie, sie steht im Widerspruch zur Lehre der
Kirche und ist verboten. Galilei fährt in seinem Brief an den Erzherzog fort: *Heute weiß ich, wie sehr es sich gehört, zu gehorchen
und an die Entscheidungen der Oberen zu glauben, als an Beschlüs-
se, die höchsten Erkenntnissen entspringen, an die mein kleiner Geist
nicht aus sich heraus heranreicht.* Diese Zeilen sind rein ironisch gemeint. In Wirklichkeit lebt Galilei in dem Bewußtsein: Diese Igno-
ranten in Rom sind ihrer Denkweise nach völlig antiquiert. Aber was
hilft's! Solange sie am Ruder sind, muß man der Gewalt weichen,
sich totstellen und warten, bis ihre Zeit abgelaufen ist. Dementsprechend verhielt er sich, wenn auch gelegentlich darüber hinaus etwas
leichtsinnig. So hinderte ihn seine Kenntnis des Verbotes nicht, den
Brief fortzusetzen: *Die Schrift, die ich Ihnen übersende, stützt sich auf
die Erdbewegung und enthält einen jener physikalischen Gründe, die
ich im Anschluß an die Erdbewegung entwickelt habe. – Also doch!*

Galileis Handschrift (Briefseite)

Ill.mo et Rev.mo Sig.re e P.ron Col.mo

Mi vennero, 8 giorni sono di Roma alcune
copie del mio Saggiatore, ma così scorrette p̃
negligenza del correttore, che mi è bisognato
fare un'indice degl'errori, et stampiarlo qui
in Firenze, e aggiungerlo nel fine dell'opera
Ne invio una copia à V.S. Ill.ma et Rev.ma nõ
perch'io la reputi degna della sua lettura,
ma p̃ mia onoreuolezza, e p̃ procurare rebu-
tazione, e vita all'opra; p̃ che posta bassa
e frale, nell'Eroica, et Immortal Libreria
di V.S. Ill.ma et Rev.ma et in uno de i più riposti
angoli della quale mi sarà sommo grazia
che sia collocata; sì come p̃ altretanto fauore
riceuerò che ella rifonga me, e conserui tra i
minimi suoi ser.ri mentre riu.te cõ chinandomele
le bacio le vesti, e gli prego il colmo d'ogni felicità
Di Firenze il dì 20 8bre 1623

Di V.S. Ill.ma et Rev.ma

Deu.mo et oblig.mo Ser.re
Galileo Galilei

Ungebrochen bleibt er dem Kopernikus treu und verbreitet seine eigenen Schriften, von denen er weiß, daß sie Ketzereien enthalten. Um sich hier formal schuldlos zu halten, fährt er fort: *Ich empfehle sie Ihnen daher als eine Dichtung oder vielmehr als einen Traum. Wie oft hängen die Dichter an ihren Phantasien. Und daher habe ich auch noch immer eine gewisse Schwäche für meinen Traum.* In diesem unzweideutigen Sarkasmus geht er so weit, für alle Fälle seine Prioritätsansprüche geltend zu machen, zumal in solchen Ländern, für die das römische Gesetz nicht gültig ist: *So habe ich diese Schrift jenem Kardinal – gemeint ist Orsini – und einigen anderen gezeigt und habe seitdem auch Exemplare an einige wenige hohe Herren gelangen lassen. Wenn es sich dann ereignen sollte, daß andere, nicht zu unserer heiligen Kirche gehörige Männer sich diesen meinen lustigen Einfall als ihr geistiges Eigentum zulegen wollen – so ging es mir bei mancher meiner anderen Entdeckungen –, bleibt mir das Zeugnis einwandfreier Persönlichkeiten, daß ich der erste war, der auf den verrückten Einfall kam ... Ich hatte wohl im Sinn, das Ganze sorgfältiger und ausführlicher darzulegen, aber eine Stimme vom Himmel weckte mich auf und ließ alle meine konfusen und verwirrten «Phantasien» in Nebel zerfließen.*[63]

Der Inhalt der Briefe über die Sonnenflecken läßt den Leser nicht im geringsten im Zweifel darüber, daß das Ganze nur im Zusammenhang mit dem kopernikanischen System verständlich ist. Deshalb ist es kaum begreiflich, wenn die Vermutung geäußert wurde, Galilei habe vielleicht doch selbst Kopernikus gegenüber Bedenken gehabt und sich auch innerlich dem kirchlichen Machtspruch gebeugt. Wenn es dessen noch bedürfte – der in ironischem Ton gehaltene Brief an den Erzherzog Leopold ist ein eindeutiges Beweisstück für die zwiespältige Situation, in der sich Galilei seit 1616 befand. Doch zunächst nährte er weiter die Hoffnung, daß es ihm eines Tages trotz allem gelingen möge, das Lehramt der Kirche für seine, das heißt des Kopernikus Idee zu gewinnen.

Im Jahre 1618, als der Dreißigjährige Krieg begann, erschienen drei Kometen. Zwei vergingen in kurzer Zeit, aber der dritte war für längere Zeit mit bloßem Auge am nächtlichen Himmel wahrzunehmen. Grenzenloser Schrecken vor den kommenden Ereignissen wurde durch dieses Naturphänomen in den Herzen der Bevölkerung Mitteleuropas ausgelöst. Auch in das Leben Galileis brachte er weitere Beunruhigung, erneute Feindschaft.

Nach der Erfindung des Fernrohres war es der erste Komet, der sich den Astronomen für die neue Art des Beobachtens bot. Wo nur die Möglichkeit dazu bestand, wurde der Komet zu erforschen gesucht und das Wahrgenommene diskutiert. Nach Aristoteles gehören Kometen in die sublunare Sphäre, es sind Vorgänge in der erweiterten Erdhülle. Mit dieser Anschauung hatte Tycho Brahe aufgeräumt und erkannt, daß die Kometen sich unzweifelhaft in Bereichen bewegen, die außerhalb und nicht innerhalb der Mondbahn liegen. Nun aber war die Frage neu zu stellen: was sind Kometen, welches sind ihre Laufbahnen, wie stehen sie zu den Planeten? Unter den zahlreichen Forschern, die sich diesen für die damalige Zeit höchst aktuellen Problemen zuwandten, waren auch die Gelehrten des Collegium Romanum. Der Jesuitenpater Horatio Grassi wurde zum Wortführer, in aller Öffentlichkeit die Bemühungen über Wesen und Bahn des neuen Kometen zu disputieren. Grassi hielt einen öffentlichen Vortrag, der auf größeres Interesse stieß, so daß der Vortrag zum Zwecke weiterer Verbreitung gedruckt wurde. Der Inhalt war vor allem durch die Anlehnung an Tycho Brahe fortschrittlich, der Stil in der üblichen alten Methode, am Ende zum bereits vorausbestimmten Schluß zu gelangen. Galilei fühlte sich herausgefordert – wahrscheinlich auch aus dem Grunde, weil Grassi Galileis Namen nicht erwähnt hatte. Dabei waren seine persönlichen Verhältnisse so, daß er infolge von Krankheit, wahrscheinlich wegen eines schweren Rheumaanfalles, fest an sein Bett gefesselt war. Darum veranlaßte er seinen Schüler, den Konsul der Florentiner Akademie, Mario Guiducci, an seiner Stelle den Inhalt ihrer gemeinsamen Unterredungen in einem akademischen Vortrag weiterzugeben. Auch diese Rede wurde gedruckt, dem Erzherzog Leopold gewidmet und rasch verbreitet. Es war kein Geheimnis, daß Galilei an der Rede einen erheblichen, ja entscheidenden Anteil hatte. Das vorhandene Manuskript zeigt sogar, daß ein wesentlicher Abschnitt von Galileis Hand geschrieben ist.

Die Kometenforschung befand sich zu jener Zeit, wie gesagt, in ihrem ersten Stadium. So nimmt es nicht wunder, daß beide Reden nur von ferne sich dem rechten Verständnis der Kometen nähern. Vielleicht trafen Grassis Erklärungen sogar noch um einen Grad genauer den Tatbestand als die von Guiducci bzw. Galilei. Aber ohne Zweifel war Grassis Methode die alte und Galileis die neue. Wohlwill trifft den Nagel auf den Kopf: «Selbst im Irrtum denkt Galilei wissenschaftlicher als seine Gegner.»[64] Aber die Folgen lagen auf der Hand. Für das Collegium Romanum, dessen gelehrte Jesuiten keinen Augenblick zweifelten, daß Galilei der eigentliche Urheber der Gegenschrift war, bedeutete diese eine Kränkung. Sie empfanden den Unterton als gegen sich als Institution gerichtet, «gegen die Jesuiten» gezielt. Galileis Freund Ciampoli berichtet besorgt aus Rom: «Die Jesuiten sehen sich als schwer beleidigt an, sie rüsten zur Ant-

103

wort.» Und sie erfolgte. Noch im gleichen Jahre (1619) erschien diese Antwort von einem Lothario Sarsi aus Sigensa unter dem Titel: «Astronomische und philosophische Waage». Unschwer war zu erkennen, daß hinter dem Lothario Sarsi Sigensano sich Horatio Grassi aus Salona verbarg – zu entschlüsseln nach dem damals so oft geübten Buchstabenspiel. Während aber Grassi noch mit geschlossenem Visier gekämpft hatte: als Sarsi nahm er den offenen Kampf auf. Wieder ist es so, daß in der Sache selbst Wahrheit und Irrtum keineswegs einseitig verteilt sind. Aber die Methode Sarsis ist die antiquiert scholastische und nicht die von Galilei angestrebte naturwissenschaftliche. Gefährlich wird die Schrift zu ihrem Ende hin. Offenkundig war es die Absicht, Galilei zu provozieren und von ihm ein Bekenntnis zu Kopernikus herauszurufen. Mehrfach spielt Sarsi auf das Dekret der Indexkongregation an. Er verneint, daß seine Gedanken wesentlich auf Tycho Brahe basieren, aber er fragt weiter: «... und wenn, was für ein Verbrechen wäre das? Wem sollte ich mich sonst anschließen? Dem Ptolemäus? ... Dem Kopernikus? Aber wer religiös ist, wird vielmehr von ihm sich abzuwenden suchen und wird die kürzlich verdammte Hypothese gleichermaßen verdammen und verwerfen. So bliebe von allen Tycho übrig, den man zum Führer durch die unbekannten Bahnen der Gestirne wählen könnte. Warum also ereifert sich Galilei wider meinen Lehrer, daß er ihn nicht verschmäht?»[65] Deutlicher ging es eigentlich nicht – doch Sarsi versucht es: «Aber da höre ich eine Stimme leise und schüchtern mir ins Ohr flüstern – die Bewegung der Erde. Hebe dich von mir, du Wort, der Wahrheit fremd und frommen Ohren hart. Wahrlich, Vorsicht war's, es mit verhaltener Stimme zu flüstern, aber ständе die Sache so, so wäre es um Galileis Meinung geschehen, die auf keinem andern Grunde ruhte als auf diesem falschen. Denn wenn die Erde sich nicht bewegt...» Und damit hat er dieses gefährliche Thema wieder in die Diskussion gebracht. Galileis Meinung über die Kometen ist nur zu verstehen, wenn man sie mit Hilfe der Erdbewegung denkt. Da aber kein guter Katholik auch nur von ferne es wagen wird, diese häretische Meinung zu haben, schließt der Heuchler Sarsi: «Das wird doch Galilei nie in den Sinn gekommen sein, denn ich habe ihn immer als fromm und religiös gekannt.»[66]

Für Galilei war es klar: auf die offene Herausforderung muß eine Antwort erfolgen. Wie aber diesem raffiniert hinterhältigen Angriff begegnen? Galilei läßt sich Zeit. Er braucht mehr als drei Jahre, dann ist das Manuskript fertig und erst nach einem weiteren Jahr (1623) sind alle Widerstände überwunden, und unter dem Titel: *Il Saggiatore* – der Probierer, der auf der Goldwaage wägt, darum auch kurz *Die Goldwaage* genannt – erscheint in Rom die Antwort an Lotha-

Papst Urban VIII.

rio Sarsi Sigensano. *Il Saggiatore* ist wieder in der Form eines Briefes geschrieben, gerichtet an Galileis Freund in Rom, Monsignore Virginio Cesarini, Kämmerer des Papstes und Mitglied der Accademia dei Lincei. Im letzten Augenblick erhält das Buch eine Widmung für Urban VIII., der kurz zuvor Papst geworden war.

Der wissenschaftliche Wert des Buches ist nicht besonders hoch zu veranschlagen und zum Beispiel mit dem des *Sternenboten,* der eine Fülle neuer Beobachtungen brachte, nicht zu vergleichen. Statt dessen glänzt das Werk durch die Schärfe der polemischen Argumentation und durch die Klarheit seiner wissenschaftlichen Methode. Von Fachleuten Italiens wird es wegen seines meisterhaften Prosastils gelobt.

Die Druckerlaubnis der Inquisition wird durch den damaligen Zensor, den Dominikanerpater Niccolò Riccardi (1585–1639) mit höchst anerkennenden Worten gegeben: «Ich habe auf Befehl des hochzuverehrenden Pater Maestro del Sacro Palazzo dieses Werk gelesen: nicht nur, daß ich darin nichts bemerke, was gegen die guten Sitten wäre oder sich von der übernatürlichen Wahrheit unseres Glaubens entfernte, habe ich vielmehr darin so viele schöne Betrachtungen über die Naturphilosophie gefunden, daß ich glaube, daß unser Jahrhundert sich dereinst nicht nur wird rühmen dürfen, der Erbe der mühevollen Arbeit dahingegangener Philosophen zu sein, sondern daß es der Entdecker vieler Geheimnisse der Natur sei, die jene nicht enträtseln konnten, und das dank der feinsinnigen und gediegenen Spekulation des Autors, in dessen Zeit geboren zu sein ich mich glücklich schätze, da man das Gold der Wahrheit nicht mehr gröblich mit der Marktwaage wog, sondern mit der feinsten Goldwaage zu wiegen begann.»[67] Und dies vom Zensor der Inquisition! Man versteht, daß Galilei neue Hoffnung schöpfte. Nur darf nicht übersehen werden, daß dieser Beistand durch den Dominikaner auf Kosten der Jesuiten ging. Sie zogen den kürzeren, und wie selbstverständlich vertiefte sich damit ihre Feindschaft bis zum Haß gegen Galilei, der so gelobt und anerkannt herausgestellt wurde.

Galileis Kampf war zu einem internen Machtkampf innerhalb der römischen Kirchenführung geworden. So sieht es auch der Empfänger des *Il Saggiatore,* der päpstliche Kämmerer Cesarini: «Wir werden uns gegen diese Gegner mit dem Schild der Wahrheit bewaffnen und überdies mit der Gunst der Oberen.» Die Hoffnung auf die «Gunst der Oberen» war zu diesem Zeitpunkt berechtigt. Denn am 6. August 1623 hatte der Kardinal Maffeo Barberini den Papstthron unter dem Namen Urban VIII. bestiegen. Galilei durfte das Bewußtsein haben, daß jetzt einer seiner Freunde das Amt des «Stellvertreters Christi» auf Erden übernommen hatte. Hatte doch Maffeo Barberini, der Galilei aus Begegnungen in Florenz persönlich kannte, ihm zu Ehren ein von ihm selbst verfaßtes Gedicht: Adulatio perniciosa im August 1620 zugesandt. Mehrere Briefe Barberinis an Galilei enthalten wiederholt Zeugnisse der Verehrung für seine bedeutenden Leistungen. Auch war der Freund Galileis, Giovanni Ciampoli, zum Segretario de Brevi ernannt und als Kammerherr an die Kurie berufen worden. Ebenso gehörte Fürst Cesi zum nahen Umkreis des neuen Papstes.

Der Papst ließ sich das Buch *Il Saggiatore*, unmittelbar nachdem er es erhalten hatte, durch längere Zeit bei Tische vorlesen und hörte es von Anfang bis zum Ende mit freudiger Zustimmung an. Als Fürst Cesi zur Audienz erschien, empfing ihn der Papst mit den Worten: «Kommt Galilei? Wann kommt er?»[68] Diese neue Konstellation mußte Galileis Willen befeuern. *Jetzt oder nie*, schreibt er an den Fürsten Cesi, *müssen sich unsere Wünsche bei solcher Gunst der Verhältnisse verwirklichen lassen.*[69] Hinter Galileis Worten verbirgt sich selbstverständlich die Hoffnung, daß es jetzt an der Zeit sei, die Anerkennung der Lehre von der doppelten Erdbewegung durch die Kirche zu erlangen. So machte er sich auf den Weg und reiste zum viertenmal in seinem Leben nach Rom. Unterwegs machte er Station in Acquasparta beim Fürsten Cesi, um mit ihm die nächsten Schritte zu planen. Ausgerechnet in diesen Tagen des April 1624 starb der treue Freund Virginio Cesarini in Rom an Lungenschwindsucht. Sehnsüchtig hatte er Galileis Kommen entgegengesehen. Nun war er dahingegangen, unmittelbar bevor Galilei eintraf.

Galilei wurde von vielen römischen Würdenträgern in allen Ehren empfangen, der Papst gewährte ihm innerhalb von zwei Monaten sechs lange Audienzen. Leider gibt es über diese Unterredungen keine Protokolle. Sicher ist nur, daß Galilei sein Kardinalproblem dem Papst enthusiastisch vorgetragen und um eine Aufhebung des Dekretes gegen die kopernikanische Lehre ersucht hat. Aber offenkundig stieß er in dieser Angelegenheit auf eine eiserne Wand. Im übrigen blieb die Haltung des Papstes äußerst huldvoll. Mit Gastgeschenken (u. a. ein Gemälde, eine goldene und eine silberne Denkmünze) und Segenswünschen wurde Galilei von Seiner Heiligkeit nach Florenz gütig entlassen. Ein Sendschreiben des Papstes an Großherzog Ferdinand II. begleitete den heimkehrenden Gelehrten: «Schon lange umfassen wir diesen großen Mann, dessen Ruhm am Himmel leuchtet und über die Erde schreitet, mit väterlicher Liebe. Denn wir kennen in ihm nicht nur den Glanz der Gelehrsamkeit, sondern auch den Eifer der Frömmigkeit, und er ist reich an solchem Wissen, durch das unser päpstliches Wohlwollen leicht erworben wird. Nun aber, da er nach Rom gekommen, uns zur päpstlichen Würde zu beglückwünschen, haben wir ihn mit großer Liebe aufgenommen und haben ihn mit Freuden zu wiederholten Malen gehört, wie er den Glanz der Florentiner Beredsamkeit in gelehrten Disputationen mehrte. Nun aber wollen wir nicht, daß er ohne eine reiche Mitgabe päpstlicher Liebe in die Heimat zurückkehre. Alles Gute, was Du, edler Fürst, ihm erweisest, würde uns zur Genugtuung gereichen.»

Selten ist ein bedeutender Mann so elegant abgewiesen worden und so radikal in der für ihn zentralen Angelegenheit gescheitert wie Galileo Galilei in Rom im Frühling des Jahres 1624.

Es ist nachzuholen, daß sich für Galilei in dem Zeitabschnitt der acht Jahre von 1616 bis 1624 auf privatem Felde manches ereignete. Es sei in Kürze hier mitgeteilt:

1616, am 4. Oktober, tritt seine Tochter Virginia Gamba als Schwester unter dem Namen Maria Celeste ins Kloster ein.

1617 wird von der Universität Bologna Galilei nahegelegt, sich um den dortigen, vakantgewordenen Lehrstuhl für Mathematik zu bewerben. Im März begibt er sich nach Livorno, um dort ein neues Instrument für Seeleute, eine Art Doppelfernrohr, auszuprobieren. Im Oktober tritt seine zweite Tochter, Livia Gamba, unter dem Namen Schwester Arcangela ins Kloster ein.

1618 unternimmt Galilei eine Wallfahrt nach Loreto und hält sich auf der Rückreise einige Tage in Urbino auf.

1619 wird Galileis Sohn Vincenzio Gamba am 25. Juni als Vincenzio Galilei legitimiert.

1620 verhandelt Galilei mit Spanien über die Bestimmung der Längengrade auf dem Meere. Anfang August stirbt seine Mutter und wird am 10. August begraben.

1621 wird Galilei zum Konsul der Florentiner Akademie gewählt. Am 28. Februar stirbt sein ehemaliger Schüler und späterer fürstlicher Schutzpatron, Cosimo II., Großherzog von Toscana. Ihm folgte sein Sohn Ferdinand II.

1623 wird Galilei erneut zum Konsul der Florentiner Akademie gewählt, setzt aber Alessandro Sestini an seine Stelle.

1624 vervollkommnet er die Konstruktion des Mikroskopes.

DER DIALOG ÜBER DIE BEIDEN WELTSYSTEME
(1632)

Galilei kehrte von Rom nach Florenz zurück und nahm wieder Wohnung in der Villa in Bellosguardo, die er schon 1617 von Lorenzo di Giovanni Battista Segni gemietet hatte. Jetzt galt es, aus den römischen Erfahrungen die Konsequenzen zu ziehen. Das war im Grunde eine unlösbare Aufgabe. Er selbst hatte nur das eine Ziel, dem Kopernikanismus zum Siege zu verhelfen – und das hieß für ihn, die W a h r h e i t der zwiefachen Erdbewegung als unumstößlich zu erweisen. Das Dekret vom 5. März 1616 aber verbot jedem gläubigen Katholiken, den Gedanken des Kopernikus anders als rein hypothetisch darzustellen – denn als «Wahrheit» war er eine Häresie, die im Widerspruch zur Bibel stand. Galilei aber hielt sich für einen gläubigen Katholiken, der auch der Kirchenleitung das Recht zugesteht, über wahr und unwahr zu entscheiden. Da er aber im Falle des Kopernikanismus die Entscheidung der Indexkongregation für falsch hielt, hoffte er, durch überzeugende Argumente dies nachweisen zu können. Doch gerade das ist ja verboten: den Kopernikanismus anders als rein theoretisch im Sinne eines Fehlgedankens darzustellen. Ein echter Circulus vitiosus!

Jeder andere, soweit er nicht gewillt gewesen wäre, sein Leben zu riskieren, hätte aufgegeben. Galileo Galilei blieb auf seiner Spur, nur ließ er sich fortab Zeit – acht Jahre, bis die nächste Phase seines Kampfes begann.

Ein Rechtsanwalt aus Ferrara – mit Namen Francesco Ingoli – hatte schon 1616 im Chor der Gegner Galileis seine Stimme erhoben und ihm eine Schrift gesandt, in der er mit Hilfe von Aristoteles, Ptolemäus, Tycho Brahe und eigenen Überlegungen gegen die Erdbewegung argumentiert hatte. Ingolis Aufforderung, ihm zu antworten, falls er Irrtümer nachzuweisen in der Lage sei, war Galilei seinerzeit nicht nachgekommen. Vielleicht, weil ihm Ingolis Arbeit zu minderwertig erschien, vielleicht aber auch, weil er es nach dem Verbot durch die Inquisitionsbehörde als zu gefährlich ansah, sich in der damaligen Situation für die Erdbewegung schriftlich einzusetzen. Wahrscheinlich war Galilei nun im Jahre 1624 in Rom darauf gestoßen, daß dort – Wohlwill vermutet, bei «einflußreichen Kardinälen» – die an sich dürftigen Argumente Ingolis großen Eindruck gemacht hatten. Deshalb fühlte Galilei sich jetzt veranlaßt, eine Erwiderung auf Ingoli zu verfassen, die erste Arbeit, «die er ausschließlich der wissenschaftlichen Verteidigung des Kopernikus gewidmet hat»[70]. Diesen Brief, der nie die Druckerlaubnis der Zensur erhalten hätte, schickte er im September seinem Freund Mario Guiducci nach Rom und überließ ihm diesen zur taktischen Verwendung. Der Inhalt des Briefes ist ein Präludium für das Werk seines Lebens, das zu seinem Ruhm in aller Welt und zu seinem Verhängnis in Rom werden sollte: *Dialogo Di Galileo Galilei Linceo Dove si discorre sopra i due Massimi Sistemi Del Mondo Tolemaico E Copernicano* (1632) – im folgenden nur *Der Dialog* genannt. Mit dem Schreiben

Frontispiz des in Leyden gedruckten «Dialogus»

an Ingoli hat der *Dialog* die Zweigleisigkeit der Darstellung gemeinsam. Was in dem Brief an den Erzherzog Leopold eindeutig ironisch gemeint ist, ist seit 1624 für Galilei zur Methode geworden. In der Einleitung stellt er sich naiv, betont seine Untertänigkeit dem Lehramt gegenüber und seine Gläubigkeit als Christ und Kirchenglied. Dann folgt die Behandlung der Probleme mit dem Ziel, die Bewegung der Erde als nicht zu leugnende Tatsache in Erscheinung treten zu lassen – um am Schluß noch einmal den Nebel einer Pseudo-Naivität zu verbreiten. Auf dieser inneren Unwahrhaftigkeit, dieser bewußten Zweigleisigkeit der Methode beruht die nicht zu leugnende Schuld Galileis. Im Grunde machte er es damit seinen Gegnern leicht, ihn der Lüge zu zeihen und ihm eine Verletzung der kirchlichen Gebote nachzuweisen. Doch Galilei sah keinen anderen Weg – es sei denn, resignierend zu schweigen. Das aber lag weder in seinem Wesen noch in seinem Willen.

Das Werk heißt *Dialog,* weil es in der Form eines aufgezeichneten Gespräches gebracht wird, das zwischen drei Männern an vier aufeinander folgenden Tagen geführt wird. Die Gesprächspartner tragen die Namen Salviati, Sagredo und Simplicio.

Aus dem «Dialogus» von 1635. Dargestellt sind: Aristoteles, Ptolemäus und Kopernikus

Salviati, der im Dialog als der überlegene Gesprächsführer in Erscheinung tritt, ist in der Regel auch die Stimme Galileis selbst. Er ist der kluge und moderne Wissenschaftler, der unter anderem alle gegen die Erdbewegung geltend gemachten Argumente zu entkräften weiß. Zugleich ist die Wahl des Namens ein Freundesdank Galileis an seinen intimen Schüler Filippo Salviati, geboren am 19. Januar 1582 zu Florenz, der schon in Padua seine Vorlesungen hörte und wohl durch Galileis Einfluß schon mit 30 Jahren (1612) die ehrenvolle Ernennung als Mitglied der Accademia dei Lincei in Rom erfuhr. Zum großen Kummer Galileis starb er bereits 1614 auf einer Reise nach Spanien in Barcelona.

Sagredo nimmt als Dialogpartner die zweite Stelle ein. Durch seine präzisen Fragen und durch gutes Verständnis der Probleme trägt er wesentlich zum Gelingen der Gespräche bei. Auch er erinnert an einen guten Freund Galileis, an Giovanni Francesco Sagredo, der am 19. Juni 1571 in Venedig geboren wurde und als Senator in seiner Vaterstadt am 5. März 1620 starb. Mit Sorge hatte er Galilei von Padua scheiden sehen und ihn frühzeitig vor den Intrigen der Jesuiten gewarnt. Galilei war ihm von Herzen zugetan und hatte durch den gleichfalls frühen Tod dieses Bundesgenossen im geistigen Kampf einen herben Verlust erlitten.

Simplicio als Vertreter der Aristoteliker und Peripatetiker ist eine Symbolfigur, die schon durch den Namen «der Einfache» oder gar «der Einfältige» ironisch gekennzeichnet ist. Da er der Wortführer für die Einwendungen gegen die Lehre des Kopernikus ist, sich auch gelegentlich der von den Jesuiten des Collegium Romanum aufgestellten Thesen bedient und sogar an einer Stelle wörtlich eine Entgegnung von Papst Urban VIII. vorträgt, ist es nicht verwunderlich, daß Galilei sich durch diesen «Simplicio» zusätzliche Feindschaft erworben hat. Denn für solche Anspielungen war man in Rom hellhörig, und schließlich sieht sich niemand gerne selbst in der Rolle einer durch geistige Befangenheit und Dummheit beschränkten, lächerlichen Gestalt.

Galilei selbst begründet die Wahl der drei Namen: *Ich besuchte vor vielen Jahren des öfteren die Wunderstadt Venedig und verkehrte daselbst mit dem Signore Giovanni Francesco Sagredo, einem Manne von vornehmster Abkunft und ausgezeichnetem Scharfsinn. Eben dahin kam aus Florenz Signore Filippo Salviati, dessen geringster Ruhm sein edles Blut und sein glänzender Reichtum war; ein erhabener Geist, der nach keinem Genusse mehr trachtete als nach dem des Forschens und Denkens. Mit diesen beiden unterhielt ich mich oft über die erwähnten Fragen, und zwar im Beisein eines peripatetischen Philosophen, dem scheinbar nichts so sehr die Erkenntnis der*

Wahrheit erschwerte als der Ruhm, den er durch seine Auslegungen des Aristoteles erworben hatte.

Jetzt, nachdem der grausame Tod den Städten Venedig und Florenz jene beiden erleuchteten Männer in der Blüte ihrer Jahre geraubt hat, habe ich versucht, soweit meine schwachen Kräfte es vermögen, sie zu ihrem Ruhme auf diesen Blättern fortleben zu lassen, indem ich sie als redende Personen sich an den vorliegenden Gesprächen beteiligen lasse. Auch der wackere Peripatetiker soll nicht fehlen; wegen seiner übermäßigen Vorliebe für die Kommentare des Simplicius schien es passend, unter Verschweigung seines wahren Namens ihm den seines Lieblingsautors zu belassen. Mögen die Seelen jener beiden großen Männer, die meinem Herzen stets verehrungswürdig bleiben werden, das öffentliche Denkmal meiner nie ersterbenden Liebe hinnehmen; möge das Andenken an ihre Beredsamkeit mir behilflich sein, der Nachwelt die versprochenen Untersuchungen klar darzulegen.[71]

So offen und ehrlich dieses Treuegedenken für die Freunde Salviati und Sagredo und auch die Charakterisierung des Simplicio gemeint war, so unwahrhaftig und heuchlerisch beginnt die Vorrede: *In den letzten Jahren erließ man in Rom ein heilsames Edikt, das den gefährlichen Ärgernissen der Gegenwart begegnen sollte und der pythagoreischen Ansicht, daß die Erde sich bewege, rechtzeitiges Schweigen auferlegte.[72]* Aus dem Munde Galileis kann dieser Satz von dem «heilsamen Edikt» nur wie Hohn klingen. Jedermann wußte, daß Galilei dieses Edikt vom Jahre 1616 als schweren Schlag, gegen sich selbst gerichtet, erlebt hatte. Der folgende Text des durch vier Tage sich hindurchziehenden Gesprächs läßt nicht den geringsten Zweifel darüber, daß Galilei auch fernerhin von der Wahrheit der «pythagoreischen» Lehre überzeugt ist. Trotzdem gibt er sich den Anschein, als ob er zutiefst mit dem Verbot einverstanden sei. Er gibt in der Einleitung vor, daß er das Buch nur geschrieben habe, um den Nicht-Katholiken zu zeigen, daß man in Rom aufs beste über die Begründung der Lehre des Kopernikus Bescheid wisse und nicht etwa aus Unwissenschaftlichkeit und Unwissenheit das Verbot erfolgt sei. In Wirklichkeit – und das ist ja auch seine eigentliche Absicht – erhält der aufmerksame Leser den umgekehrten Eindruck: Wenn die Bewegung der Erde so eindeutig begründet werden kann, wie es durch den *Dialog* geschieht, wie ist es dann möglich, eine solche überzeugende Wahrheit zu verbieten?

Der Kampf um die Erlaubnis des Druckes durch die kirchlichen Aufsichtsbehörden hat sich fast zwei Jahre hingezogen. Das Manuskript muß Ende 1629, Anfang 1630 abgeschlossen gewesen sein. Am 1. Mai nimmt der nun sechsundsechzigjährige Galilei die Stra-

113

pazen einer fünften Reise nach Rom auf sich, um die Druckgenehmigung persönlich durchzusetzen. Papst Urban VIII. empfängt ihn am 18. Mai – allen Anzeichen nach – äußerst wohlwollend. Am 26. Juni verläßt Galilei Rom *mit voller Zufriedenheit* über das Erreichte. Wohl hatte der Papst ihm einige Ratschläge gegeben, auf gewisse Änderungen bedacht zu sein. Aber im Prinzip hatte er das Buch als ganzes angenommen und auch dementsprechend durch den Palastmeister Niccolò Riccardi die Inquisitionsbehörde instruiert. Galilei hatte diesmal wirklich Grund, über seinen Erfolg in Rom zufrieden zu sein. Erst in den Sommermonaten nach seiner Rückkehr wird ihm nachträglich das Problematische des Gesprächs mit dem Papst bewußt geworden sein. Einem amtlichen Schreiben, das Riccardi ein Jahr später (Mai 1631) an den Inquisitor in Florenz gerichtet hat, ist zu entnehmen, in welche Richtung die päpstlichen Vorschläge zielten. Vor allem wünschte Urban VIII. eine Änderung des Buchtitels. An Stelle des von Galilei vorgesehenen *Von Ebbe und Flut* sollte das Buch heißen: «Von der mathematischen Betrachtung der kopernikanischen Annahme über die Bewegung der Erde». Denn es müsse schon im Titel deutlich werden, daß es sich nur um eine hypothetische Annahme handle. Ferner solle im Text darauf hingewiesen werden, «daß der alleinige Zweck dieser Arbeit sei, zu beweisen, daß man alle Gründe kenne, die für diese Ansicht sich anführen lassen, und daß nicht, weil man sie nicht kennt, in Rom dieses Urteil erlassen worden ist».

Man sieht, daß in dieser Mitteilung des für die Druckerlaubnis zuständigen Riccardi die Veranlassung und Ursache für die verlogene Heuchelei in der Vorrede zu Galileis Werk gegeben ist. Dabei ist entscheidend, daß diese Vorschläge im Sinne einer «doppelten Wahrheit» nicht von dem Pater Riccardi, sondern von Papst Urban VIII. selbst ausgingen. Er ist der Verantwortliche für die unwahrhaftige Zwittrigkeit, die durch den Widerspruch von Vorrede und Inhalt des Werkes Galileis diesem später zum Verhängnis wurde. Will man von einer Schuld Galileis sprechen, so kann man es nur insoweit tun, als dieser sich den Befehlen gleichkommenden Ratschlägen des Papstes nicht sofort widersetzte, sondern sie gehorsam auszuführen suchte. Schließlich weist Riccardi noch darauf hin, daß es der Wunsch des Papstes sei, Galilei möge die vom Papst im Gespräch «namhaft gemachten Gründe von der göttlichen Allmacht hinzufügen, die den Verstand beruhigen müssen, wenn man auch sich den pythagoreischen Argumenten nicht entziehen könnte». Auch diesen päpstlichen «Wunsch» erfüllte Galilei in seiner Weise, indem er am vierten Tage, also zum Schluß des ganzen Dialogs, ausgerechnet dem Simplicio die triviale religiöse Redensart in den Mund legt: *Kann Gott, vermö-*

SYSTEMA COSMICVM,

Authore

GALILÆO GALILÆI

LYNCEO, ACADEMIÆ PISANÆ
Mathematico extraordinario,

SERENISSIMI

MAGNI- DVCIS HETRVRIÆ
PHILOSOPHO ET MATHEMATICO
PRIMARIO:

In quo

QVATVOR DIALOGIS,

DE

Duobus Maximis Mundi Systematibus,

PTOLEMAICO & COPERNICANO,

Vtriusq; rationibus Philosophicis ac Na-
turalibus indefinite propositis,
disseritur.

Ex Italica Lingua Latine conuersum.

Accessit

Appendix gemina, qua SS. Scripturæ dicta
cum Terræ mobilitate concilientur.

Alcinous.
Δεῖ δ᾽ ἐλεύθερον εἶναι τῇ γνώμῃ τὸν μέλλοντα Φιλοσοφεῖν.

Seneca
Inter nullos magis quàm inter Philosophos esse
debet æqua LIBERTAS.

AVGVSTAE TREBOC.
Impensis ELZEVIRIORVM,
Typis DAVIDIS HAVTTI.
Anno 1 6 3 5.

Titelblatt des «Dialogus» von 1635

ge seiner unendlichen Macht und Weisheit, dem Elemente des Was-
sers die abwechselnde Bewegung – gemeint ist Ebbe und Flut –, die
wir an ihm beobachten, nicht auch auf andere Weise mitteilen, als indem er das Meeresbecken bewegt? Und Simplicio fügt hinzu: ... daß
es eine unerlaubte Kühnheit wäre, die göttliche Macht und Weisheit
begrenzen und einengen zu wollen in die Schranken einer mensch-

lichen Laune. Diesem religiösen Agnostizismus läßt Galilei den Salviati antworten – es ist dessen Schlußwort: *Eine bewundernswerte,
wahrhaft himmlische Lehre! Mit ihr stimmt jene andere göttliche
Satzung vortrefflich zusammen, die uns wohl gestattet, den Bau des
Weltalls forschend zu erkunden, die uns jedoch für immer versagt,
das Werk seiner Hände wirklich zu durchschauen*... Fast kann man
sagen, hier spricht Salviati im Sinne von Kant: «Die Erscheinung»
ist unserem Verstande zugänglich – das «Ding an sich» bleibt immer verborgen. Doch Galilei–Salvati war kein Vorläufer Kants. Darum fährt er in freudiger Erkenntnisstimmung fort: *Laßt uns daher die von Gott verstattete und von ihm gewollte Geistesbetäti-
gung benutzen, um seine Größe zu erkennen, um uns mit desto
größerer Bewunderung für sie zu erfüllen, je weniger wir uns imstande fühlen, in die unergründlichen Tiefen seiner Allweisheit einzudringen.*[73]

Diese Antwort auf den vom Papst zur Pflicht gemachten Hinweis
auf die Allmacht Gottes und die Grenzen der menschlichen Erkenntnis war eindeutig. Sie ist dem verwandt, was später nicht Kant, sondern Goethe als sein Bekenntnis aussprach: «Der Mensch soll das
Erforschbare erforschen und das» – noch – «Unerforschliche ver-
ehren.» Für Galilei gehörte unzweifelhaft die Bewegung der Erde
zum Erforschbaren, das dem Erkenntniszugriff des Menschen erschlos-
sen werden kann.

Wir wissen nicht, durch welche Momente die Stimmung in Rom
umschlug. Anzunehmen ist, daß die Jesuiten des Collegium Romanum nicht geschlafen haben. Die Nachricht, Galilei habe das «Imprimatur» für eine Darstellung des Kopernikanismus, und sei es in
noch so hypothetischer Form, erhalten, muß für Männer wie Scheiner, der jetzt in Rom lebte, und für Grassi alarmierend gewesen sein.
Hinzu kam, daß in den ersten Augusttagen der treue Helfer, Fürst
Cesi, der beim Druck der Briefe über die Sonnenflecken und des *Saggiatore* schützend zur Seite gestanden hatte, gestorben war. Der
Wind wehte jetzt aus einer anderen Richtung. Castelli, der von Pisa
nach Rom gerufen war, gab am 24. August deutliche Warnung: «Aus
vielen beachtenswerten Gründen, die ich zur Zeit dem Papier nicht an-
vertrauen will, abgesehen davon, daß Fürst Cesi glorreichen Ange-
denkens aus diesem Leben geschieden ist, möchte ich glauben, daß es
wohl getan wäre, wenn Ihr, sehr verehrter Herr, Euer Buch dort in
Florenz drucken ließet, und zwar so bald als möglich.»[74] Diesen Rat
machte sich Galilei zu eigen. Sofort unternahm er in Florenz die
notwendigen Schritte. Schon am 11. September 1630 gaben der Ge-
neralvikar Petrus Nicolinus und der Generalinquisitor P. Clemens
Aegidius, beide für Florenz verantwortlich, ihre Zustimmung. Am

Imprimatur , ſi videbitur Reuerendiſſ. P.
Magiſtro Sacri Palatii Apoſtolici.
    A. Epiſcopus Bellicaſtenſis Vices gerens.

Imprimatur.
    Fr. Nicolaus Riccardius,
        Sacri Palatii Apoſtolici Magiſter.

*Imprimatur Florentiæ ordinibus conſuetis
ſeruatis.11. Septembris 1 6 3 0.
    Petrus Nicolinus Vic. Gener. Florentiæ.*

*Imprimatur. die 11. Septembris 1 6 3 0.
    Fr. Clemens Ægidius Inqu. Gen. Florentiæ.*

*Stampiſi. adi 12. di Settembre 1 6 3 0.
    Niccolò dell' Altella.*

Polybius in Eclogis lib.13. cap.3.

E Quidem exiſtimo, Naturam mortalibus V E R I T A T E M conſti-
tuiſſe Deam maximam, maximamque illi vim attribuiſſe. Nam
hæc cum ab omnibus oppugnetur, atque adeo omnes nonnunquam
veriſimiles coniecturæ ab Errore ſtent; ipſa per ſe neſcio quomodo
in animos hominum ſeſe inſinuat: & modò repente illam ſuam vim
exerit: modò tenebris obtecta longo tempore, ad extremum
    ſuapte vi ipſa vincit obtinetque, & de Errore
        triumphat.

Χωρὶς προκρίματ@‑ τὰ πάντα κρίνετι.

Das Imprimatur von 1630 im «Dialogus» von 1635

Tage darauf, dem 12. September, folgte die Druckerlaubnis des staat-
lichen Zensors Niccolò dell' Altella. Somit war jetzt der Weg zum
Druck des Buches in Florenz freigegeben. Und doch begann nun
erst das eigentliche Hindernisrennen. Offenkundig wurde auf Riccardi von seiten der römischen Inquisitionsbehörde verstärkter Druck
ausgeübt, mit dem Ziel, das Erscheinen des Buches überhaupt zu
verhindern. Riccardi selbst arbeitete mit Zeitverzögerung. Am 24.
Mai 1631 stellte er dem Inquisitor von Florenz frei, die Verhandlungen über den Druck des *Dialogs* mit Galilei zu beenden.

    Im Dezember 1631 bietet die Republik Venedig, die von den ent-
standenen Schwierigkeiten in Florenz gehört hatte, Galilei an, das
Werk in Venedig drucken zu lassen. Auch wird die Bereitschaft er-

klärt, ihn wieder auf den Lehrstuhl in Padua für Mathematik zu berufen. Endlich, im Februar 1632, ist es soweit. Der Druck des *Dialogo dei Massimi Sistemi* wird in Florenz beendet, die Bücher können von dem Drucker Battista Landini dem Buchhandel ausgeliefert werden.

Doch nur kurz ist die Freude. Ein halbes Jahr später, Mitte August, erhält die Druckerei die Weisung, den Verkauf des *Dialogs* einzustellen. Desgleichen wird Galilei auferlegt, keine weiteren Exemplare zu verbreiten. Die Endrunde des Kampfes um Galileis Werk hat begonnen.

DER PROZESS
(1632–1633)

Der *Dialog* fand in den interessierten Fach- und Freundeskreisen Galileis eine geradezu enthusiastische Aufnahme. Allen voraus jubelt der endlich aus dem Gefängnis befreite Tommaso Campanella: «Diese Erneuerung aller Wahrheiten von neuen Welten, neuen Sternen, neuen Systemen, ist der Anfang eines neuen Zeitalters. Das Übrige wird der tun, der das Ganze lenkt. Wir, nach dem geringen Teil, der uns zufällt, wollen ihm helfen. Amen!»[75] Von Benedetto Castelli kommt gleichfalls begeisterte Zustimmung. Er hat sofort damit begonnen, das neue Werk Galileis seinen Schülern Magiotti und Torricelli vorzulesen. Auch einer der ersten Mathematiker seiner Zeit, Francesco Bonaventura Cavalieri, gibt sein freudiges Einverständnis kund. Aus Frankreich äußert sich der Physiker und Philosoph Petrus Gassendi (1592–1655) beifällig. Was viele dachten, spricht der holländische Humanist und Rechtsphilosoph Hugo Grotius (de Groot, 1583–1645) über den *Dialog* aus: «Er ist so reich an Aufschlüssen über verborgene Dinge, daß ich kein Werk unseres Jahrhunderts ihm zu vergleichen wage, vielen der Alten es vorziehe.»[76]

Anders die Schulgelehrten. Sie wußten, möchte man sagen, im voraus, daß das Buch gegen sie, das heißt gegen die Peripatetiker, geschrieben sei.

Entscheidend für Galilei aber war die Aufnahme durch das Collegium Romanum und Urban VIII. Offenkundig hatte auch jetzt wieder, trotz aller Warnungen, Galilei die Lage falsch eingeschätzt. War es Naivität oder Wille zur Herausforderung, daß er von den ersten acht Exemplaren seines Buches je eines an Campanella und Pater Riccardi, aber auch an den Beisitzer des Inquisitionsgerichtes, Monsignore Serristori, und an den Jesuiten Leon Santi schickte?

Die im Frühling 1632 in Mittelitalien waltende Pest verzögerte die schnelle Verbreitung des Buches. Trotzdem nahmen die nun folgenden Ereignisse eine überaus rasche Wendung. Sofort nach Erhalt der Exemplare in Rom stürzten sich die sachlichen und persönlichen Gegner Galileis auf das Werk und durchleuchteten kritisch seinen Text. Für sie war der Fall eindeutig: Vergehen gegen das Dekret von 1616, eindeutige Häresie durch Verbreitung einer der Schriftauslegung der Kirche zuwiderstehenden Lehre. Bereits im August 1632 erhielten Galilei und der Drucker in Florenz den Befehl, keine weiteren Exemplare des Buches auszuliefern. Ein Einspruch des Großherzogs blieb wirkungslos. Es war nur ein erneuter Beweis dafür, daß Galilei mit seinem Ortswechsel von Padua bzw. Venedig nach Florenz sich der einzigen Machthilfe begeben hatte, die ihm hätte zur Seite stehen können.

Galilei ist verzweifelt. In seiner Not wendet er sich an den Kardinal Francesco Barberini, einen Verwandten des Papstes, den er bislang zu seinen Freunden rechnen durfte: *Wenn ich bedenke, daß die Frucht all meiner Studien und Anstrengungen jetzt auf eine Vorladung vor das Heilige Offizium hinausläuft, wie sie nur gegen die erlassen wird, die schwerer Vergehen schuldig befunden, so ergreift es mich, daß ich die Zeit verwünsche, die ich auf diese Studien verwandt habe ... so bereue ich, der Welt einen Teil meiner Arbeiten mitgeteilt zu haben und spüre Lust, was ich noch unter den Händen habe, zu unterdrücken und den Flammen zu übergeben und so ganz die Wünsche meiner Feinde zu erfüllen, denen meine Gedanken so sehr zur Last sind.*[77] Mit dem Ausdruck *meine Feinde* trifft Galilei den Sachverhalt. Fortan – und wahrscheinlich schon lange Jahre zuvor – ging es nicht mehr nur um Wahrheit und Unwahrheit der Lehre des Kopernikus, sondern um Sieg und Niederlage im Kampf persönlich Engagierter. Galilei hatte viele theologische Freunde, auch in Rom. Aber seitdem Urban VIII. in das Lager der Gegner Galileis übergegangen war, hatten diese sowohl im Collegium Romanum wie in der Inquisitionsbehörde die Oberhand erlangt. Die Macht – und sie allein hat letztlich entschieden – war eindeutig zugunsten der persönlichen Feinde Galileis verlagert. Einen echten Widerstand konnte er nicht mehr leisten.[78]

Der Papst selbst veranlaßt den Inquisitor von Florenz, er möge Galilei auffordern, sofort in Rom vor dem Inquisitionstribunal zu erscheinen, um sich zu verantworten. Man schreibt den 1. Oktober 1632. Galilei sucht die Abreise zu verzögern. Er steht in seinem 70. Lebensjahr, kränkelt und ist oft bettlägerig. Drei ärztliche Atteste bestätigen seinen Zustand, der eine Reise zur ungünstigen Jahreszeit unratsam erscheinen läßt. Man gewährt ihm zur Aufschiebung der

Reise eine Verlängerung von einem Monat. Nach Ablauf dieser Frist befiehlt der Papst erneut (am 9. Dezember), man solle Galilei zur Reise zwingen. Als dieser noch immer zögert, erweist sich Urban als ungewöhnlich harter Despot. Er übernimmt selbst am 30. Dezember die Regie der Angelegenheit: «Es möge dem Inquisitor in Florenz geschrieben werden, daß seine Heiligkeit und die Heilige Kongregation derartige Ausflüchte in keiner Weise dulden können.» Man werde jetzt von der Inquisition selbst die Ärzte bestellen. Sollte sich herausstellen, daß sein Zustand ihm die Reise möglich mache, so solle man ihn als Gefangenen in Ketten nach Rom bringen. Sollten diese bestellten Ärzte einen Aufschub verlangen, so sei er sofort nach Gesundung in Ketten nach Rom zu transportieren. Die Kosten für die Begleitung durch einen Inquisitions-Kommissar und Ärzte habe Galilei selbst zu bezahlen, «weil er zur rechten Zeit und als es ihm erstmalig befohlen wurde, zu kommen, verschmäht habe»[79]. Diese Befehle Urbans genügen, um das persönliche Engagement dieses merkwürdigen Nachfolgers Petri deutlich werden zu lassen. Der Grund, die Motive für sein Verhalten sind heute, nach über dreihundert Jahren, kaum aufzuhellen. Vielleicht trifft die mehrfach geäußerte Vermutung zu, daß Urban VIII. sich durch die Gestalt des Simplicio im *Dialog* persönlich verhöhnt sah und dementsprechend gekränkt reagierte. Ob das aber alles ist? Man möchte es bezweifeln.

Auch der Großherzog, Ferdinand II., hält weiteren Widerstand für unzweckmäßig und gibt Galilei zu verstehen (11. Januar), er möge den Befehlen des Papstes gehorchen. Mitten im Winter – nach neueren Quellen am 20. Januar 1633 – begibt sich Galilei auf die beschwerliche Reise und trifft am 13. Februar in Rom ein, nachdem er in Ponte a Centino durch die wegen der Pest gesetzlich verordnete Quarantäne gegangen war. Schon am Tage nach seiner Ankunft meldet er sich beim Kommissar des «Heiligen Offiziums». Er erhält die Erlaubnis, im Hause des florentinischen Gesandten Wohnung zu nehmen, darf es aber nicht verlassen und keinen Verkehr mit anderen Menschen als den Hausbewohnern pflegen.

Nachdem sie seiner durch den auferlegten Hausarrest habhaft geworden ist, läßt sich nun die Inquisition Zeit. Zwei Monate vergehen, bis am 12. April ein erstes Verhör Galileis stattfindet. Im Anschluß daran darf er nicht in die toskanische Gesandtschaft zurückkehren, sondern wird in den Räumen der Inquisition zurückgehalten. Die Anklage sieht den Kernpunkt seines Vergehens, wie wir schon hörten, in dem Verstoß gegen das Dekret vom März 1616. Eine entscheidende Rolle spielen dabei zwei Aktenstücke vom 25. und 26. Februar 1616, die unter sich und von dem von Kardinal Bellarmin gegebenen Attest (vom 26. Mai) erheblich abweichen. Nach

*Großherzog Ferdinand II. Gemälde von Justus Sustermans.
Villa Poggio a Caiano bei Florenz*

der Akte vom 26. Februar, die unter anderen Wohlwill, von Gebler und Laemmel für eine Fälschung halten, hat der Generalkommissar des «Heiligen Offizium» Galilei persönlich aufgegeben, die verbotene Lehre «in keinerlei Weise für wahr zu halten, zu lehren oder zu verteidigen, in Worten oder Schriften. Sonst werde gegen ihn das Heilige Offizium vorgehen. Bei diesem Befehl habe Galilei sich beruhigt und zu gehorchen versprochen.» Galilei kann sich nicht erinnern, daß er, außer durch Kardinal Bellarmin, von einer anderen Persönlichkeit vermahnt worden sei und daß man ihm auferlegt habe, die Gedanken des Kopernikus «auf keinerlei Weise zu lehren».

Wir müssen uns auf eine geraffte Darstellung des Prozeß-Ablaufes beschränken:

17. April: Die drei Theologen Kardinal Oregio, Zaccaria Pasqualigo und der deutsche Jesuit Melchior Inchhofer, die den *Dialog* zu prüfen hatten, sagen aus, Galilei habe mit dieser Schrift gegen die Ermahnung und gegen das Dekret der Indexkongregation verstoßen. Zwei von ihnen fügen hinzu, es bestehe der starke Verdacht, daß er noch immer Anhänger des Kopernikanismus sei. Interessanterweise stand seit 1629 eine Schrift von Inchhofer selbst auf dem Index. Wenn man einen Mann, der sich selbst verdächtig gemacht hat, zum Zensor bestellt, so ist ein solcher Schachzug wohl durchsichtig. Man gab Inchhofer eine Chance, sich zu rehabilitieren.

27. April: Inoffizielles Verhör durch den Kommissar der Inquisition, Maculano.

30. April: Zweites offizielles Verhör. Galilei hat sich in den bisherigen zweieinhalb Wochen Haft auf diesen Tag vorbereitet. Durch seinen Diener hat er sich ein Exemplar des *Dialogs* beschaffen lassen und nun in der Ruhe des Hausarrestes sein eigenes Werk noch einmal durchgelesen. Er gibt den Inquisitoren eine längere Erklärung zu den Akten, der wir die folgenden Sätze entnehmen: *Ich habe mich mit größter Aufmerksamkeit an die Lektüre gemacht und habe es aufs genaueste angesehen. Es kam mir nach der langen Zeit wie ein neues Buch eines anderen Verfassers vor. Ich gestehe freimütig, daß es mir an mehreren Stellen so abgefaßt erschien, daß ein mit meiner Absicht nicht vertrauter Leser Gefahr laufen kann, auf den Gedanken zu kommen, daß die für die falsche Lehre, die ich widerlegen will, angeführten Gründe so vorgebracht sind, zu überzeugen und nicht leicht widerlegt werden können... Sie sind mit solcher Kraft und Frische ausgestattet und bekommen so in den Ohren des Lesers mehr Gewicht, als es sich gebührt, wenn man sie für falsch hält und sie widerlegen will, wie ich sie denn damals in meinem Innern in Wahrheit für falsch und widerlegbar hielt und noch halte.*[80]

Man sieht, welche durchsichtige Verteidigungsstrategie sich Galilei inzwischen ausgedacht hat. Das Erstaunlichste daran ist, daß er zu erwarten schien, seine Feinde würden diesen ausgemachten Unsinn für bare Münze nehmen. Als Grund, warum er sich gegen seine eigene Absicht so mißverständlich ausgedrückt habe, gibt er die menschliche Eitelkeit an, die daran Freude hat, den eigenen Geist glänzen zu lassen und *sich klüger zu zeigen, als der Durchschnitt der Menschen beim Auffinden scharfsinniger und anscheinend billi-*

ger Gründe, auch für falsche Behauptungen [81]. Er macht seinen Anklägern das klägliche Angebot, den *Dialog* noch um zwei weitere Gesprächs-Tage zu ergänzen. Dann würde er genügend Gründe gegen die falsche und verurteilte Lehre einleuchtend geltend machen können. *Ich bitte daher das heilige Tribunal, mich bei diesem guten Entschluß zu unterstützen und mir die Möglichkeit zu geben, ihn auszuführen* (von Galilei eigenhändig unterzeichnet).[82]

Nach dieser überaus fatalen, ja charakterlosen Erklärung durfte Galilei wieder in den Palast des Botschafters von Toscana zurückkehren.

Am 10. Mai findet das dritte Verhör statt. Galilei hat in der Zwischenzeit eine schriftliche Verteidigung aufgesetzt und dieser das Testat des Kardinals Bellarmin vom 26. Mai 1616 beigefügt. Vor allem betont er, daß er sich nicht erinnere, den Befehl, den Kopernikanismus «auf keinerlei Weise zu lehren», erhalten habe.

Mit dem 16. Juni 1633 beginnt der Schluß der Tragödie. Der Papst verfügt ein Verhör, in dem Galilei mit der Folter zu drohen sei, falls er nicht gewillt sei, die volle Wahrheit zu gestehen.

Am 21. Juni folgt ein letztes Verhör. Auf die Frage, ob er je die verbotene Lehre für wahr gehalten habe, antwortet Galilei: *Es ist lange her. Vor dem Erlaß jenes Dekrets und bevor ein Verbot an mich ergangen war, schwankte ich und hielt die beiden Lehrmeinungen, nämlich die des Kopernikus und die des Ptolemäus für vertretbar, obwohl nur entweder die eine oder die andere in der Natur wahr sein konnte. Aber nach jener der Klugheit der Oberen entsprungenen Verfügung schwand in mir jeder Zweifel und ich hielt und halte noch heute für unbedingt wahr und unbezweifelbar die Lehre des Ptolemäus, das heißt die Ruhe der Erde und die Bewegung der Sonne.*[83]

Galilei lügt, er muß lügen – alles andere hätte ihn das Leben gekostet. Niemand hat das Recht, ihn wegen dieser eindeutigen Unwahrhaftigkeit zu verurteilen, der sich nicht selbst in ähnlicher Situation, zum Beispiel in der Hand einer «Geheimen Staatspolizei», befunden hat. Und gerade ein solcher wird auf Galilei keinen Stein werfen. Galilei lügt weiter: *Ich kann daher mit bestem Gewissen behaupten, daß ich nach der Entscheidung der Oberen die verdammte Lehre nie wieder für wahr gehalten habe.*[84] Es wäre ein Leichtes gewesen, ihm das Unzutreffende seiner Aussagen aus seiner Arbeit über die Sonnenflecken und aus den verschiedenen Briefen nachzuweisen. Doch offenkundig will man es nicht lesen, sondern aus seinem eigenen Munde hören. So bedroht man ihn weiter, weist in Ausführung des päpstlichen Befehls auf die Möglichkeit einer Folterung hin, doch Galilei bleibt in der Lüge standhaft: *Ich halte jene*

123

Oben: Eingang zur Kirche Santa Maria sopra Minerva, Rom
Unten: Der Eingang zur heutigen Sakristei

Altar in der heutigen Sakristei, dem ehemaligen Gerichtssaal der Inquisitionsbehörde

Lehre des Kopernikus nicht für wahr und habe sie nicht für wahr gehalten, seitdem mir vorgeschrieben wurde, sie aufzugeben. In einer Anwandlung von Mut der Verzweiflung fügt er hinzu: *Im übrigen bin ich in Ihren Händen, machen Sie mit mir, was Ihnen gut scheint.*

Es folgt eine erneute Drohung, man müsse, wenn er nicht die Wahrheit sage, zur Tortur schreiten. Galilei antwortet: *Ich bin hier, um zu gehorchen. Ich habe jene Lehrmeinung nach jener Verfügung —* gemeint ist das Dekret von 1616 — *nicht für wahr gehalten, wie ich gesagt habe.*[85]

Alle Aussagen werden protokolliert, Galilei unterzeichnet und wird in den Räumen der Inquisition zurückgehalten. Alle Vorbereitungen für den Schlußakt am nächsten Tage sind getroffen.

Der große Tag ist angebrochen: der 22. Juni 1633. Ein Saal des Dominikanerklosters Santa Maria sopra Minerva wird zum Schauplatz. Dieser Raum hat seine Geschichte. Bevor er der Inquisition als Gerichtsstätte diente, muß er schon eine zentrale Bedeutung gehabt haben. Eine alte Wandinschrift besagt, daß die Enklaven zur Papstwahl sowohl von Eugen III. (1145) wie von Nikolaus V. (1447) dort stattgefunden haben.

Heute dient der Saal in erster Linie als Sakristei, hat aber eine Altarnische, in der auch gegenwärtig noch zelebriert wird. Im Dämmerlicht farbiger Kirchenfenster wird er einst ein ungleich düstereres Aussehen gehabt haben, als es sich jetzt darbietet. Der Weg aus der Kirche zu diesem Raum führt an einer Redentore-Statue Michelangelos und an dem Grabmal des frommen Malers von Fiesole und San Marco, Fra Angelico, vorüber. Beide Monumente erscheinen an diesem Platz wie mahnende Erinnerungen an das Florenz, in dem das Christentum durch die Kunst eine so reine und hohe Blütezeit erfahren hatte.

Alle Kardinäle und Beamten der Inquisition sind in ihren klerikalen Gewändern versammelt. Kein Profaner stört. Galilei, aller Wahrscheinlichkeit nach im Büßerhemd, wird hereingeführt. Stehend muß er das Urteil entgegennehmen. Nach einem ausführlichen Rückblick auf die Ereignisse des Jahres 1616, in dem noch einmal wiederholt und unterstellt wird, daß Galilei angewiesen wurde, die kopernikanische Lehre «weder für wahr zu halten, noch sie zu verteidigen, noch sie in irgendeiner Weise zu lehren». Dann folgt das Urteil über den Inhalt des *Dialogs*: «Jenes Buch wurde sorgfältig geprüft, und es stellte sich deutlich heraus, daß Sie in ihm das gegebene Verbot übertreten haben. Denn Sie haben in jenem Buch die verurteilte und Ihnen persönlich als verurteilt angegebene Lehre verteidigt. Es zeigt sich, daß Sie in diesem Buch durch allerlei Kniffe den Eindruck zu erwecken suchen, daß Sie die Lehre für unentschieden, aber sehr wahr-

Giordano Bruno aus Nola. Zeitgenössischer Stich

scheinlich halten. Das ist indessen ein außerordentlich schwerer Irrtum, denn es kann in keiner Weise eine Lehre wahrscheinlich sein, von der festgestellt und erklärt ist, daß sie der göttlichen Schrift widerspricht.»[86]

Unter den Voraussetzungen, die das Lehramt der Kirche für sich in Anspruch nimmt, steht diese Anklage auf sicherem Boden. Galileis Ausflüchte können nicht verbergen, daß seine Aussagen in direktem Widerspruch zu seinen Schriften, insbesondere auch zum Inhalt des *Dialogs*, stehen. Seit mehr als zwei Jahrzehnten war er von der Erdbewegung überzeugt, hatte in Wort und Schrift sich für Kopernikus eingesetzt – wie konnte er erwarten, man werde ihm jetzt glauben, er habe dies alles nur getan, um die Argumente, die für die Erdbewegung sprachen, zu entkräften? In Wirklichkeit wußte Galilei, daß man ihm seine Ausrede nicht glauben werde. Aber er versuchte, sich und seinen Anklägern eine überaus schmale Brücke zu bauen, um an einem Todesurteil vorbeizukommen. Noch einmal sei daran erinnert, daß auf den Quadratmeter genau Giordano Bruno 33 Jahre zuvor an dieser Stelle stand und kniete und von hier den Weg zum Scheiterhaufen antrat. Es lag gewiß nicht an irgendeiner Sympathie des Inquisitionstribunals für Galilei, daß er mit dem Leben davonkam. Aber schließlich war er nicht wie Bruno ein entlaufener Dominikaner, sondern schon damals ein Gelehrter von internationalem Ruf, der viele Freunde innerhalb der Kirche hatte. Auch ist zu bedenken, daß die geistige Grundstimmung des Zeitalters nicht unmerklich verändert war. So betrat der Ankläger, ohne dies expressiv verbis zu betonen, die Brücke, die der Angeklagte zu bauen versucht hatte. Man dürfe ihm glauben, so heißt es im weiteren Urteilsspruch, daß er im Laufe der vierzehn oder sechzehn Jahre, die seit dem Dekret bis zur Abfassung des *Dialogs* verflossen sind, vergessen habe, daß in seinen damaligen Anweisungen die Worte «lehren» und «in keiner Weise» vorgekommen sind. Allerdings wird es dann um so belastender für den Angeklagten ausgelegt, daß er die Vermahnung von 1616 bei dem Ersuchen um das Imprimatur verschwiegen habe. «Es hilft Ihnen auch nichts die mit schlauen Künsten hervorgelockte Druckerlaubnis, da Sie die Ihnen gegebene Vorschrift nicht erwähnten.»[87]

Hier liegt die Vermutung nahe, daß jetzt der Ankläger indirekt die Unwahrheit sagt. Denn dieser Satz ist zugleich eine Ohrfeige für den Palastmeister Pater Niccolò Riccardi – wegen seiner Fettleibigkeit das «Monstrum» genannt –, der die Druckerlaubnis gab, wie für die Zensoren der Inquisition in Florenz. Es ist bei dem mehrjährigen Tauziehen um das Imprimatur kaum anzunehmen, daß auch die Inquisitoren insgesamt sich nicht der Ereignisse des Jahres 1616 erinnerten.

Über den nächsten Satz im Urteil ist verständlicherweise viel gerätselt worden: «Da es uns schien, daß Sie nicht die volle Wahrheit über Ihre Absicht sagten, hielten Wir es für nötig, gegen Sie mit peinlichem Verhör vorzugehen.»[88]

Dieses, in solchen Zusammenhängen widerwärtige, anonyme «Wir» verhüllt, daß auf der Gegenseite nicht nur eine Institution, sondern auch lebendige, wollende Menschen standen, die sich der Institution bedienten, um ihre mit Theologie verbrämten Machtziele durchzusetzen. Ob nun mit «peinlichem Verhör» wirkliche oder nur

Galilei. Zeitgenössischer Stich, 1624

angedrohte Folterungen gemeint sind, wird so lange ungeklärt bleiben, wie wir auf historische Beweise angewiesen sind – und diese fehlen.

Alles bisher Angeführte gehörte zur Urteilsbegründung. Das Urteil selbst, im Namen Jesu Christi und seiner heiligen Mutter, der Jungfrau Maria, gesprochen, lautete: «Sie sind verdächtig, für wahr gehalten und geglaubt zu haben, daß die Sonne der Mittelpunkt der Welt ist, und daß sie sich nicht von Ost nach West bewegt, und daß die Erde sich bewegt und nicht der Mittelpunkt der Welt ist. Sie sind weiter verdächtig, zu meinen, daß man eine Meinung vertreten und als wahrscheinlich verteidigen dürfe, nachdem erklärt und festgestellt ist, daß sie der Heiligen Schrift zuwider ist. Infolgedessen sind gegen Sie alle die Verurteilungen und Strafen verwirkt, die das kanonische Recht und die anderen in Betracht kommenden allgemeinen und besonderen Vorschriften gegen solche Verbrecher vorschreiben und feststellen. Wir wollen Sie davon befreien, sofern Sie vorerst mit reinem Herzen und ungeheuchelt vor uns abschwören und jene Irrtümer und Ketzereien verwünschen und verfluchen, ebenso wie jeden anderen Irrtum und jede andere Ketzerei gegen die katholische apostolische Kirche in einer Ihnen von uns vorzuschreibenden Art und Weise.

Damit aber Ihr schwerer Irrtum und Ihr schädlicher Fehltritt nicht gänzlich ungestraft bleiben und damit Sie künftig vorsichtiger sind und als abschreckendes Beispiel für andere, die ähnliche Verbrechen im Sinn haben, so verordnen wir durch öffentliches Edikt, daß der *Dialog* des Galileo Galilei verboten wird.

Sie verurteilen wir zu förmlicher Haft in diesem Heiligen Offizium nach unserem Gutdünken. Als heilsame Buße legen wir Ihnen auf, daß Sie drei Jahre lang wöchentlich einmal die sieben Bußpsalmen sprechen. Wir behalten uns das Recht vor, im ganzen oder im einzelnen die gegen Sie festgesetzten Strafen und Bußen zu verschärfen, zu verändern oder auch zu erleichtern.»[89] In der Präambel zum Urteil werden zehn Kardinäle als Richter genannt, nur sieben haben unterzeichnet. Es sind dies: Kardinal von Ascoli; Kardinal Bentivoglio; Kardinal von Cremona; Anton, Kardinal des hl. Onuphrius; Kardinal Gessi; Kardinal Versepius; Kardinal Ginetti. Drei Unterschriften fehlen, womit die Vermutung naheliegt, daß das Urteil nicht einstimmig gefaßt wurde.

Galilei mußte jetzt vor allen ihn umgebenden Richtern, Kardinälen und Inquisitoren niederknien und die – offenkundig aus der gleichen Feder wie der Urteilsspruch stammende – Abschwurformel sprechen. Es ist jener Text, mit dem die Einleitung zu dieser Biographie beginnt.

131

Die Legende verbreitete, daß Galileo Galilei aufstand und die Worte vor sich hin murmelte: «Und sie bewegt sich doch.» Ganz sicher hat er diesen Ausspruch n i c h t getan. Aber ebenso sicher ist es, daß er so gedacht hat. Insofern trifft auch hier der Mythos die «existentielle» Situation. Nach geleistetem Schwur wurde Galilei in die Räume der Inquisition zurückgeführt. Der Vorhang zum Schlußakt der Tragödie war gefallen. Alles übrige gehört zum Nachspiel.

AUSKLANG
(1633–1642)

Schon am folgenden Tage, dem 23. Juni, erhielt Galilei vom Papst die Erlaubnis, das Inquisitionsgebäude zu verlassen und in den Palast des Großherzogs von Toscana in Rom – Trinità de Monti – zu übersiedeln. Allerdings unter der strengen Vorschrift, daß dieser Wohnsitz an Stelle eines Gefängnisses zu gelten habe. Dieser Hausarrest-Befehl wurde bis zum Tode Galileis, trotz vielfachen Ersuchens um Aufhebung, aufrechterhalten. Seine Bewegungsfreiheit hat Galilei in den achteinhalb Jahren, die ihm noch zum Leben verblieben, nicht wieder zurückerlangt. Der Papst wachte mit Hilfe der Inquisitoren darüber, daß die Vorschrift eingehalten wurde.

Am 30. Juni wird ein päpstliches Dekret erlassen, durch das Galilei gestattet wird, Rom zu verlassen und seinen Wohnsitz nach Siena zu verlegen. Während sich Galilei auf die Reise dorthin begibt (6.–9. Juli), gehen Abschriften des Urteilsspruchs und der Abschwörung Galileis in alle Provinzen Italiens. Von Rom aus wird Sorge getragen, daß jedermann, vor allem die es angeht, erfahre, wie unerbittlich die Kirche einschreiten wird, wenn die Häresie des Kopernikanismus sich weiter ausbreiten sollte. Der Inquisitor von Florenz ruft die in Florenz ansässigen Wissenschaftler, vor allem Philosophen, Physiker und Mathematiker, zu einer außerordentlichen Versammlung zusammen – unter ihnen Mario Guiducci, Filippo Randolfini, Niccolò Agginuti, Francesco Rinuccini, Dino Peri – und verliest ihnen die beiden Dokumente. Damit soll Galilei ein für allemal in aller Öffentlichkeit gebrandmarkt werden – alle andern sind gewarnt. Aber diese Machenschaften Roms erreichten nicht, daß die wirklichen Freunde Galileis – und sie sind in zivilen und klerikalen Zusammenhängen recht zahlreich gewesen – sich von ihm zurückzogen. Doch lag es an der außerordentlichen Macht der Gegner, daß die Hilfe der Freunde nur beschränkt eingreifen konnte. In Siena ist es der Erzbischof Ascanio Piccolomini, ein geborener Florentiner, der

Der Klosterhof von S. Maria sopra Minerva

Galilei auf ein halbes Jahr in sein erzbischöfliches Palais – selbstverständlich bei strengem Hausarrest – gastfrei aufnimmt und versucht, den greisen Gelehrten innerlich wieder aufzurichten.

Als Galileis Tochter, die unter dem Namen Maria Celeste im Kloster S. Matteo, in unmittelbarer Nähe der von Galilei in Arcetri bei Florenz gemieteten Villa Il Giojello als Nonne lebte, die Botschaft erhält, der Vater sei gesund in Siena eingetroffen, ist sie tief beglückt: «O könnte ich die Freude beschreiben, die alle Mütter und Schwestern empfunden haben, als wir hier hörten, daß Ihr glücklich in Siena angekommen seid! Es war ganz außerordentlich. Die Äbtissin und viele Nonnen liefen zu mir und umarmten mich.» (Brief an Galilei vom 13. Juli 1633.)

Die Kathedrale von Siena

Diese Zeilen sagen mehr als alle anderen Mutmaßungen: man hatte nicht ohne Grund um das Leben Galileo Galileis gebangt. Nun atmeten alle, die ihm in Freundschaft und Liebe verbunden waren, auf: er war mit dem Leben davongekommen, man konnte wieder hoffen. Leider sind damals viele Briefe und auch Manuskripte Galileis von seinen Freunden verbrannt worden, damit sie nicht in die Hände der Inquisitionsspitzel fielen. Dazu gehören auch die Briefe Galileis an seine älteste Tochter Virginia, die nun Schwester Maria Celeste hieß. Aus ihrer Antwort vermögen wir zu entnehmen, wie tief den fast Siebzigjährigen das Urteil und die propagandistische Verbreitung getroffen haben muß. Sie schreibt ihm: «Nein, sagt nicht, Euer Name sei ausgelöscht aus dem Buche der Lebendigen [de libro viventium]. So ist es nicht, weder im größeren Teil der Welt noch in unserem Vaterland. Es scheint mir so: einen Augenblick lang wurde Euer Name und Ruf verdunkelt, aber jetzt erhebt sich beides zu noch größerem Glanz. Nemo propheta acceptus est in patria sua... Ihr aber seid hier geliebt und geachtet mehr als jemals.» So sehr Maria Celeste bemüht ist, ihren Vater zu trösten, so schwer leidet sie selbst. Die Sorge um ihn lähmt sie und macht sie krank. Sie verbrennt sich förmlich in mitleidender und entbehrender Sehnsucht nach ihm. Als Papst Urban VIII. schroff eine Rückkehr nach Florenz untersagte, gab sie die Hoffnung auf und klagte: «Ich werde Euch nie mehr sehen.» Um so größer ist die Freude, als Galilei am 1. Dezember – unerwartet – die Erlaubnis erhält, sich in seine Villa in Arcetri zurückziehen zu dürfen. Gegen Ende des Jahres trifft er dort ein und hat damit zugleich die Endstation für die letzten acht Jahre seines Lebens erreicht. Er selbst schildert seine damalige Situation in einem Brief: Nach Siena wurde *meine Haft in eine Verbannung nach diesem kleinen Landhause umgewandelt, das eine Meile von Florenz entfernt liegt, mit dem strengen Befehl, nicht nach der Stadt zu gehen und weder den Besuch vieler Freunde zugleich anzunehmen, noch welche zu mir einzuladen. Hier lebe ich nun, mich ganz ruhig verhaltend.* Einer der ersten, die ihn trotzdem dort aufsuchten, war der Großherzog von Toscana. Für diesen bedeutete die Verurteilung Galileis eine höchst peinliche Blamage, weil sie seine absolute Ohnmacht gegenüber klerikalen Eingriffen offenbar machte.

Siena: die Piazza Salimbeni

Die Klostermauer von S. Matteo in Arcetri

Die Bitte, um seiner Gesundheit willen – in Arcetri gab es keinen Arzt – nach Florenz übersiedeln zu dürfen, wird mit einem Brief des Kardinals Barberini an den Inquisitor von Florenz brüsk abgelehnt: *Ich solle künftig davon abstehen, um die Erlaubnis zu meiner Rückkehr nach Florenz nachsuchen zu lassen, sonst werde man mich nach Rom zurückbringen, und zwar in den wirklichen Kerker des hl. Offiziums.* Bitter fügt Galilei diesem Bericht an einen Freund, den Advokaten Elia Diodati (1576–1661) in Paris hinzu: *Aus dieser Antwort, scheint mir, kann man den Schluß ziehen, daß aller Wahrscheinlichkeit nach mein gegenwärtiger Kerker nur gegen jenen sehr engen, langwährenden vertauscht werden wird, der uns allen bevorsteht (25. Juli 1634).*[90]

Villa Il Giojello (Das Juwel) in Arcetri

Zu diesem Zeitpunkt lebte seine Tochter, Schwester Maria Celeste, nicht mehr. Ihr Kloster lag in unmittelbarer Nähe der Villa Il Giojello, so daß Galilei sie hatte häufig besuchen können. Galilei liebte sie nach seinen eigenen Worten sehr und lobt ihre *ausgezeichneten Geistesgaben, verbunden mit einer seltenen Herzensgüte*. Am 2. April war sie, nach einer nur sechs Tage währenden Krankheit, im

Alter von 32 Jahren gestorben. Auch nach Galileis Ansicht war es die Sorge um sein Schicksal gewesen, die sie verzehrt hatte. *Diese, welche sich in der Zeit meiner Abwesenheit, die sie höchst gefahrbringend für mich glaubte, einer tiefen, ihre Gesundheit untergrabenden Melancholie hingegeben hatte ... starb, mich im tiefsten Kummer zurücklassend.* Nur drei Monate hatte die Freude

Blick von der Villa auf die toskanische Landschaft

Il Giojello, Gartenseite

des häufigen Sich-Sehens gewährt. Nimmt
es wunder, wenn Galilei nach alldem über
sich selbst und seine Lage klagt: *Dabei bin
ich von der tiefsten Melancholie befallen,
vollständig appetitlos, mir selbst zuwider,
kurz, ich fühle mich stets von meiner ge-
liebten Tochter gerufen.*[91]

Allen heutigen Bagatellisierungsversu-
chen zum Trotz, die behaupten, Galilei sei
von der Inquisition vornehm und rück-
sichtsvoll behandelt worden, kann man nur
antworten: Galilei war nach der Verurteilung ein einsamer, tief unglücklicher Greis,
der überdies durch Krankheit (schweres
Rheuma und chronische Schlaflosigkeit)
und zunehmende Erblindung zu leiden hatte. War sein Augenlicht schon längere Zeit
geschwächt, so trat im Jahre 1637 der Star
in beiden Augen auf und führte im Winter
1637/38 zur totalen Erblindung. Trotz alldem war es den Gegnern nicht gelungen,
Galileis Forscherwillen zu brechen. Auch
aus Einsamkeit heraus wurde er zu einem
mächtigen und wirksamen geistigen Faktor
in seinem Jahrhundert. Noch im Jahre 1633
sorgte er dafür, daß das verbotene Buch illegal über die italienische
Grenze nach Frankreich gebracht und dort Diodati zu treuen Händen
übergeben wurde. Diodati hatte nichts Eiligeres zu tun, als es nach
Straßburg weiterzuleiten. Dort übernahm es der Freund Keplers, der
Protestant Matthias Bernegger (1582–1640) und sorgte dafür, daß es
schnellstens aus dem Italienischen in die Gelehrtensprache – latei-
nisch – übersetzt wurde. In Kürze ging es dann weiter in das «freie
Holland», wo es in Leyden bei Elzevir gedruckt wurde. Das Vorwort
teilt mit, das Buch sei ohne Wissen des Verfassers und gegen seinen
Willen gedruckt worden. So war Galilei gedeckt. Bernegger läßt dem
Dialog den gleichfalls übersetzten Brief Galileis an die Großherzogin-
Mutter Christine und die schon 1616 verbotene Schrift des Karmeli-
ters Foscarini hinzufügen, so daß das Ganze in einem Band zusammengefaßt ist. Schon 1635 konnten alle Interessenten das in

Italien an allen Orten eingezogene Buch im freien Buchhandel in ganz Europa nun in lateinischer Sprache erwerben. Diodati hatte alles klug eingefädelt und dafür gesorgt, daß Galilei nicht zur Rechenschaft gezogen werden konnte.

Um so mehr muß für Galilei der indirekte Triumph dieser nachträglichen Publikation eine wesentliche Genugtuung für die erlittene Unbill gegeben haben. Jetzt wußte er, daß sein Werk nicht mehr auslöschbar sei. Völlig unbefangen dankt er freudig in einem Brief Bernegger für die so erfolgreiche Veröffentlichung. Sicher hat ihm die gelungene Überlistung der Inquisition [92] den Mut und die Kraft gegeben, noch einmal und nun zu dem wirklich bedeutendsten Werk seines Lebens anzusetzen: *Discorsi e demonstrazioni matematiche intorno a due nuove scienzi* (Unterredungen und mathematische Demonstrationen über zwei neue Wissenschaften) – im folgenden

kurz *Discorsi* genannt. Unter *zwei Wissenschaften* verstand Galilei
die von ihm in diesem Werk von Grund auf neu dargestellte Bewegungslehre (Dynamik) und die Lehre von der Festigkeit der Körper.
De facto bedeuten die *Discorsi* eine Grundsteinlegung der modernen Physik und damit der Naturwissenschaft im Sinne der Neuzeit.

Wie jeder Bau bis zum Augenblick der Grundsteinlegung erheb-
licher Vorbereitungen bedarf, hat auch Galileis Tat, wie wir sahen,
so manchen Wegbereiter gehabt. Außer den schon Genannten: Pythagoras, Aristoteles, Euklid, Archimedes, Ptolemäus, Philoponos, Kopernikus, Benedetti und Tartaglia müssen wir auch den Kardinal Nikolaus von Kues und Leonardo da Vinci erwähnen. Sie alle haben das
Ihre dazu beigetragen, um den Boden für Galilei zu ebnen. Und Galilei hat sich sein Leben lang so verhalten, daß der Inhalt der *Discorsi* erst langsam heranreifen konnte. Was er in Pisa als Student
und junger Professor begonnen, in den achtzehn Jahren von Padua
weiter gefördert und in der Folgezeit zu Florenz nach allen Seiten
geprüft und vertieft hat, trug jetzt Frucht. Galilei vermag in den
letzten Jahren seines Lebens mit einem Wurf die Wissenschaft der
Mechanik und Dynamik in Vollständigkeit darzustellen und zu begründen: die Gesetze des freien Falles, des Falles auf schiefer Ebene,
die Gesetze der Wurfbewegung, die Pendelgesetze und den Satz vom

Die Handschrift des Zweiundsiebzigjährigen

Parallelogramm der Bewegungen. Das Ganze ist konsequent nach der mathematisierenden Methode durchgeführt. Nicht als theoretische Forderung, sondern als Erfüllung seines wissenschaftlichen Grundwillens: *Wer naturwissenschaftliche Fragen ohne Hilfe der Mathematik lösen will, unternimmt Undurchführbares. Man muß messen, was meßbar ist und meßbar machen, was zunächst nicht meßbar ist.* Die *Discorsi* sind dem französischen Gesandten in Rom, dem Grafen von Noailles, gewidmet. Dieser war einst in Padua Schüler Galileis gewesen und hatte ihm auch nach der Verurteilung die Treue gehalten. Mehrfach hatte er in Audienzen beim Papst, wenn auch vergeblich, sich für Galilei eingesetzt. Schließlich war es ihm gelungen, die Erlaubnis zu einem Treffen (am 16. Oktober 1636) mit ihm außerhalb von Arcetri in dem Dorf Poggibonsi zu erwirken. Bei dieser Gelegenheit hatte Galilei dem Grafen ein Manuskript der *Discorsi* übergeben, *damit dieselben nicht begraben blieben, sondern handschriftlich an einem Ort niedergelegt würden, der vielen Fachkennern zugänglich wäre* [93].

Ursprünglich hatte Galilei daran gedacht, das neue Werk dem deutschen Kaiser Ferdinand II. zu widmen. Als er aber erfuhr, daß an dessen Hof die Jesuiten einen entscheidenden Einfluß hätten, gab er diese Absicht auf.

Seltsamerweise hat man immer wieder versucht, den «Fall Galilei» so zu sehen, als sei er in seinem hohen Alter in seinen Grundanschauungen selbst zweifelnd geworden und hätte den Inhalt seiner Abschwurformel sich selbst zu eigen gemacht. Davon kann in Wirklichkeit keine Rede sein. Galilei hat bis zu seinem Ende das kopernikanische System für wahr gehalten und auch nicht einen Augenblick – an der Erdumdrehung – gezweifelt. Aufschlußreich für die innere Stimmung, in der Galilei in der Zeit lebte, während er die *Discorsi* schrieb, ist ein Brief aus dem Jahre 1637 an den König von Polen, Władysław IV., der sich bei Galilei Glaslinsen bestellt hatte. In Galileis Begleitschreiben heißt es: *Ich habe die drei Linsen aufs beste gemacht, soweit es mir in meinem Zustand möglich ist, da ich immer in diesem Kerker weile, wo ich seit drei Jahren auf Befehl des hlg. Offiziums bin, weil ich den «Dialog» veröffentlicht habe, obgleich mit Erlaubnis des besagten Offiziums, das heißt des römischen Palastmeisters. Ich weiß, daß einige Bücher zu Ihnen gelangten. Also können Eure Majestät und Ihre Wissenschaftler beurteilen, wie sehr es wahr sei, daß darin skandalöse Lehre sich finde, abscheulicher und gefährlicher für die Christenheit als in den Büchern von Calvin, Luther und allen Ketzern miteinander. Der Spruch hat seine Heiligkeit den Papst so beeinflußt, daß das Buch verboten ist und ich mit Schmach bedeckt zum ewigen Kerker, nach der Will-*

kür Seiner Heiligkeit, verdammt bleibe. Aber wohin hat mich meine Leidenschaft geführt...[94] Um so erstaunlicher ist es, daß trotz – oder gerade wegen? – dieser starken Verbitterung und den erheblichen körperlichen Beschwerden Galilei der große Wurf der *Discorsi* gelang.

Galileis unveränderte Grundgesinnung kommt auch in den *Discorsi* dadurch zum Ausdruck, daß im Stil, in dem das neue Buch geschrieben ist, bis in die Einzelheiten hinein der *Dialog* wieder aufgegriffen und fortgeführt wird. Auch in den *Discorsi* sind es die drei Gesprächspartner Salviati, Sagredo und Simplicio, die an vier Tagen über die Probleme des Falles und des Luftwiderstandes, der Festigkeit der Körper, der Orts- und Pendelbewegung sowie der Wurfbahnen miteinander diskutieren. Und wieder ist es Simplicio, der die Rolle des unzureichenden Peripatetikers übernehmen muß und schließlich, weil er der Diskussion nicht gewachsen ist, ganz aus dem Gesichtsfeld der Gesprächsrunde verschwindet. Selbstverständlich erwähnt Galilei nicht die verbotenen Probleme der «Weltsysteme». Aber die von ihm in den *Discorsi* entwickelten Grundlagen der Physik bieten in ihrer Weiterentwicklung die Begründungsmöglichkeiten für die Darstellung des kopernikanischen Systems. Nach dem Stande der damaligen Kenntnisse fügte sich alles lückenlos zusammen. Natürlich muß man dabei im Auge behalten, daß die beiden großen Nachfolger Galileis, der Holländer Christiaan Huygens (1629–95) und der Engländer Isaac Newton (1643–1727), noch nicht auf den Plan getreten waren. Sie vollendeten später unter Einbezug der Arbeiten von Evangelista Torricelli, Otto von Guericke und manchen anderen Forschern, was Galileo Galilei begonnen hatte.

Wir müssen uns hier versagen, den Inhalt der *Discorsi* auch nur in Kürze zu referieren. Interessierte seien auf das auch heute noch gültige Werk in zwei Bänden von Friedrich Dannemann (1910/11) verwiesen: «Die Naturwissenschaften in ihrer Entwicklung und in ihrem Zusammenhang». Vor allem im zweiten Band Dannemanns wird der Leser über den speziellen Anteil Galileis an der Entwicklung der Begriffe von Mechanik und Dynamik aufs beste unterrichtet.

In verhältnismäßig kurzer Zeit gelingt es Galilei, von Arcetri aus den Kontakt mit Gelehrten und führenden Persönlichkeiten in anderen Ländern herzustellen. Es wird ihm leicht gemacht, sein Name hat internationalen Ruf, und vor allem ist man in protestantischen Ländern an seinen Werken, an ihm und seinem Schicksal interessiert. Schon im Mai 1635 bietet man ihm einen Lehrstuhl in Amsterdam an. Er antwortet mit einem Angebot an die Generalstaaten von Holland (August 1636), seine Entdeckung über die Bestimmung von Längengraden auf dem Meere zu übernehmen. Hiermit greift er

Galilei. Gemälde von Justus Sustermans. Uffizien, Florenz

ein Thema auf, das schon seit 1612 in seinem Leben eine erhebliche Rolle spielte. Damals hatte das Sekretariat des Staates von Toscana der spanischen Regierung Galileis Entdeckung, die geographischen Längen auf dem Meere mit Hilfe des Jupiter und seiner Monde mathematisch zuverlässig zu messen, angeboten. Mehrere Verhandlungen (1616, 1620, 1629) hatten nicht zum Ziele geführt. Da Galilei sich der hohen Bedeutung seiner besonderen Methode zur Ortsbestimmung von Schiffen auf dem Meere für die seefahrenden Kolonialmächte seiner Zeit bewußt war, wandte er sich nun an die Regierung der reichen und freien Niederlande. Es kommt zu mehreren Verhandlungen. Holland läßt den Vorschlag gründlich prüfen. Offenkundig mit positivem Erfolg, denn am 25. April 1636 beschließen die niederländischen Generalstaaten, Galilei eine Goldkette im Werte von 500 Fiorini als Zeichen ihres Dankes für seinen Vorschlag zu schenken.

Mit diesem ehrenden Endergebnis war Galilei in eine für ihn höchst peinliche Situation geraten. Schon sein häufiger Briefwechsel mit einem protestantischen Land war den Zensoren höchst verdächtig; und nun noch diese kostbare Gabe! Galilei tat das Klügste, was er tun konnte: er verweigerte die Annahme der wertvollen Kette. Nur so konnte er sich weitere Zwangsmaßnahmen der Inquisition vom Leibe halten. Lobend anerkannten die Florentiner Inquisitoren diese Haltung, die alles andere als eine Überzeugungstat war. Sie meldeten diesen «Erfolg» ihres «gehorsamen» Gefangenen dienstfertig nach Rom.

Da Galileis Sehkraft immer schwächer wurde, gestattete man ihm auf Fürsprache des Großherzogs, vom Mai 1637 ab zu seiner Unterstützung für die Arbeit an den *Discorsi* Dino Peri (1604–40) als Helfer heranzuziehen. In gleicher Weise als Assistenten gesellen sich zu dem Kreise in Arcetri 1638 Pater Ambrogetti für Übersetzungen, 1639 der junge Vincenzo Viviani (1622–1703) als Schüler, Gehilfe und späterer Biograph und schließlich 1641 Evangelista Torricelli (1608–47). Im Alter von zwanzig Jahren war Torricelli – Sproß einer Patrizierfamilie aus Faenza – nach Rom gekommen und dort Schüler des Galilei-Freundes Castelli geworden. Bald nach Erscheinen der *Discorsi* hatte Torricelli selbst eine ergänzende Schrift über ähnliche Gegenstände, wie sie Galilei behandelte, herausgebracht. Diese wurde dem blinden Meister vorgelesen, und in Galilei erwachte der Wunsch, Torricelli an sich zu ziehen. Erst am 10. Oktober, also ein Vierteljahr vor Galileis Tode, trifft Torricelli in Arcetri ein. Noch unter Anleitung des todkranken Galilei beginnt er mit einer Fortsetzung der *Discorsi*. Nach Galileis Hinscheiden wird Torricelli sein offizieller Nachfolger als Hofmathematiker in Florenz. Doch schon

Evangelista Torricelli. Anonymes Gemälde. Uffizien, Florenz

1647 ereilt auch ihn der Tod. Seine Arbeit «Della scienza universale delle proporzioni» wird später von Viviani veröffentlicht. Torricelli war es, welcher der von Galilei begründeten Dynamik der festen Körper eine Dynamik der Flüssigkeiten hinzufügte. Auf Grund dieser Arbeit wird er mit Recht zu den «Großen» aus der Begründungszeit der modernen Physik gezählt.

Doch kehren wir nach dem Arcetri des Jahres 1638 zurück. Galilei ist hoffnungslos erblindet. Auf Befehl des Papstes wird er am 13. Februar von dem Florentiner Inquisitor Giovanni Muzzarelli und einem Arzt besucht. Der offizielle Bericht über diese Visitation an den Kardinal Francesco Barberini in Rom lautet: «Um dem Auftrag Seiner Heiligkeit besser Genüge zu leisten, habe ich mich persönlich in Begleitung eines fremden Arztes, meines Vertrauens, bei Galilei in seiner Villa in Arcetri ganz unerwartet eingefunden, um seinen Zustand zu erkunden. Ich dachte weniger, mich durch solches Vorgehen in die Lage zu setzen, über die Beschaffenheit seiner Leiden berichten zu können, als vielmehr einen Einblick in die Studien und Beschäftigungen, welche er zur Zeit betreibt, zu gewinnen, um mir so ein Urteil zu verschaffen, ob er wohl imstande wäre, nach Florenz zurückkehrend, hier durch Reden in Versammlungen die verdammte Lehre der doppelten Erdbewegung weiterzuverbreiten. Ich habe ihn, des Augenlichtes beraubt, vollständig blind gefunden. Er hofft zwar auf Genesung, da der Star sich erst seit sechs Monaten bei ihm gebildet hat; der Arzt jedoch hält das Übel in Anbetracht seines Alters von 75 Jahren für unheilbar. Er hat außerdem einen sehr schweren Leibbruch, der ununterbrochen Schmerzen bereitet, und leidet an Schlaflosigkeit, welche ihn, wie er versichert und seine Hausgenossen bestätigen, in vierundzwanzig Stunden nicht eine ganz schlafen läßt. Er ist auch im übrigen so verfallen, daß er mehr einem Leichnam als einem lebenden Menschen gleicht [che la più forma di cadavero che di persona vivente]. Die Villa liegt weit von der Stadt entfernt, und ihr Zugang ist ein unbequemer, weshalb Galilei nur selten, mit vielen Umständen und Kosten, ärztliche Hilfe erhalten kann. Seine Studien sind durch seine Erblindung unterbrochen worden, obwohl er sich zuweilen vorlesen läßt; der mündliche Verkehr mit ihm wird wenig gesucht, da er in seinem schlechten Gesundheitszustand wohl nur über seine Krankheit klagen und den ihn bisweilen Besuchenden von seinen Übeln sprechen kann. Auch glaube ich in Anbetracht dessen, daß, wenn Seine Heiligkeit ihn Ihres unendlichen Erbarmens wert erachten und ihm erlauben möchten, in Florenz zu wohnen, so würde er keine Gelegenheit haben, Versammlungen zu halten, und wenn er dies dennoch täte, so ist er derart am Rande des Todes [mortificato], daß es, denke ich, genügen würde, um sich seiner zu versichern, ihn durch eine nachdrückliche Verwarnung am Zügel zu halten.»[95]

Unter allen Dokumenten aus den letzten Lebensjahren Galileis erscheint uns dieses als das erschütterndste. Der Inquisitor selbst bekommt Mitleid. Aber keinen Augenblick vergißt er, worauf es ankommt: Galilei am Zügel zu halten, auf daß er die verdammte Lehre nicht verbreiten kann. Ist das gewährleistet, mag er in Frieden sterben.

Immerhin, der Inquisitor hat einen gewissen Erfolg. Am 9. März wird Galilei mitgeteilt, daß seine Heiligkeit ihm vorübergehend gestatte, sich in sein Haus in Florenz zu begeben, um dort Heilung von seiner Krankheit zu suchen. Doch habe er seine ersten Schritte, und wenn dies ihm unmöglich sei, sich tragen zu lassen, zum Gebäude des «Heiligen Offizium» zu lenken, um dort die besonderen Bedingungen, unter denen ihm allein ein solcher Aufenthalt in Florenz zugebilligt werden könne, zu vernehmen. Dort erfuhr er «zu seinem Besten», daß er «bei Strafe lebenslänglicher wirklicher Einkerkerung und Exkommunikation nicht in die Stadt ausgehen und mit niemanden, wer es auch immer sei, über die verdammte Meinung der doppelten Erdbewegung sprechen dürfe». Gnädig wurde ihm zu Ostern wegen seiner «guten Führung» gestattet (pro suo arbitrio concedat licentiam), die Messe in einer nahe gelegenen Kirche zu besuchen, vorausgesetzt, daß um ihn kein Menschenauflauf entstehe.

Eine letzte Entdeckung Galileis darf nicht übergangen werden: das Phänomen der Mondlibration. Wahrscheinlich hätte der seines Augenlichtes schon fast gänzlich beraubte alte Mann nicht den Entschluß zu der entsprechenden Veröffentlichung gefaßt, wenn ihn nicht der venetianische Militärtheoretiker Alfonso Antonini herausgefordert hätte. Antonini, der von Galileis letzten Beobachtungen gehört hatte, wußte ihn an der empfindlichsten Stelle zu treffen. Wie solle, so fragt er, die Priorität seiner Entdeckung ohne Zweifel Bestand haben, wenn Galilei selbst sich nie schriftlich über dieses Thema geäußert habe. Auf diesen Hinweis reagierte Galilei sofort und diktierte seine Gedanken in einen Brief, von dem er wissen konnte, daß er bald von Hand zu Hand gehen würde.

So allgemein bekannt es ist, daß der Mond immer der Erde die gleiche Seite zukehrt, so wenig werden die Schwankungen, die feinen «Librationen» des Mondes um die eigene Achse gesehen, durch welche die Mondränder periodisch verschiedenes Aussehen erhalten. Galilei war auch hier der erste Mensch, der diese unauffälligen Bewegungen bewußt wahrgenommen hat: *Ich habe beobachtet, daß der Mond seinen Anblick verändert wie jemand, der zuerst sein volles Gesicht uns zukehrt, es nachher seitwärts wendet, erst rechts dann links, ferner es ein wenig aufrichtet und dann senkt. Schließlich neigt sich das Gesicht erst zur rechten, dann zur linken Schulter. Alle diese Veränderungen habe ich am Mond gesehen. Und ein zweites Wunder ist, daß alle diese Schwankungen ihre eigene Periode haben, eine tägliche, eine monatliche und eine jährliche.*[96] So heißt es in dem Brief an den treuesten der treuen Freunde, an Fulgenzio Micanzio in Venedig vom 7. November 1637.

Eine letzte wissenschaftliche Kontroverse trägt Galilei in den Jahren 1640 und 1641 mit einem seiner ehemaligen Schüler, mit Fortunio Liceti, aus. Dieser hat das aschfarbene Mondlicht des nicht direkt von der Sonne angestrahlten Mondkörpers in Analogie zu dem phosphoreszierenden Bologneser Stein zu erklären versucht. Demgegenüber deutete Galilei wirklichkeitsgemäß dieses Schattenlicht als Reflex der sonnenbeleuchteten Erde. In einem diktierten ausführlichen Schreiben, das er an den Mediceer-Prinzen Leopold von Toscana richtete, entwickelte Galilei seine Ansicht. Noch einmal läßt er das ganze Feuerwerk seiner sprühenden Intelligenz glänzen: nüchterne Darstellung der Naturtatsachen, ironische Behandlung des Gegners, die nicht verschmäht, auch Schmeicheleien und Sticheleien in den Dienst des Kampfes zu stellen, und meisterhafte Beherrschung der italienischen Sprache. Obwohl Liceti, der selbst verschiedene Lehrstühle der Philosophie und Medizin innegehabt hat, wie gesagt, einst sein Schüler war, wird er nach Strich und Faden von Galilei abgefertigt. Wie stets bei allen früheren Auseinandersetzungen geht es diesem nicht in erster Linie um das Ergebnis, sondern um die angewandte Methode. Mit *wahrhaft geistreichen Vergleichen* oder *hübschen Scherzen*, schreibt er über seinen Gegner, kommt man nicht zu naturwissenschaftlichen Resultaten. Liceti gehört, mit Galileis Augen gesehen, zu den Peripatetikern, die das *Ansehen und die Lehren des Aristoteles über ihre Grenzen hinaus ausdehnen und sich ihrer als Schutz gegen jedweden, der vernünftig denke, bedienen.* Mit diesem letzten polemischen Traktat nahm Galilei Abschied von der Kampf-Arena.

Santa Croce, Florenz

Hatte Galilei auch mit diesem vielgelesenen Brief die echten Kenner auf seiner Seite – in seinem Herzen fühlte der bewußt dem Ende seines Lebens Entgegengehende sich keineswegs als triumphierender Sieger. Das Gift der Kränkungen und Erniedrigungen war nicht verarbeitet und durchdrang seine Seele bis zum Tode. Wohl war er aus Religiosität bemüht, die Schicksalsschläge hinzunehmen und zu verwinden. Seinem *lieben Freunde* Benedetto Castelli, der unablässig in Rom für ihn bemüht war, schreibt er: *Wenn es Gott so gefällt, muß es auch uns so gefallen.* Doch schließt er seinen Brief vom 3. Dezember 1639: *Ich erinnere Euch, Eure Gebete für mich bei dem Gott der Barmherzigkeit und der Liebe fortzusetzen, auf daß er aus den Herzen meiner böswilligen und unglückseligen Verfolger ihren unversöhnlichen Haß ausrotte.*[97] Bis zu seinem Tode war Galilei überzeugt, daß er das Opfer böswilliger Intrigen seiner persönlichen Gegner sei.

Das Sterben Galileis begann im November. Zwei Monate noch wehrte sich seine vitale Natur, aber dann, am 8. Januar 1642, mußte auch diese den Tod als die stärkere Macht anerkennen.

Galilei war in seiner Todesstunde nicht allein. Sieben Menschen umgaben das Sterbebett: seine Schüler Torricelli und Viviani, sein Sohn Vincenzio und dessen Frau Sestilia, der Ortspfarrer, der ihm die letzte Wegzehrung reichte und ihn zum Sterben salbte und – wie konnte es anders sein – im Hintergrund zwei Vertreter der Inquisition: Galilei zwischen seinen Schülern und Verfolgern. So wie er zeit seines Lebens die Kirche als Hüterin und Spenderin der christlichen Gnadenmittel anerkannt hatte, bekannte er sich auch im Sterben zu ihr.

Wie seinen Töchtern war er auch seinem Sohn herzlich zugetan. So durfte Vincenzio mit seiner Frau in diesem letzten Lebensaugenblicke nicht fehlen. Und die Inquisitoren, die auf sein ganzes Leben so tiefe Schatten geworfen hatten, beschatteten nun auch die Stunde seines Hinganges.

Innenansicht der Domkirche Santa Croce

Galileis Grabmal in Santa Croce

Auch nach dem Tode Galileis ging der Kampf gegen ihn weiter. Schon am folgenden Tage, dem 9. Januar, wird sein Leichnam in der Turm-Kapelle von Santa Croce in Florenz beigesetzt. Mit äußerstem Geschick gelang es Papst Urban VIII., durch den toskanischen Gesandten Niccolini in Rom auf den Großherzog einzuwirken, das Grabmal für Galilei nicht in unmittelbarer Nähe der Gebeine von Michelangelo Buonarroti im Hauptschiff der Kirche zu errichten, sondern möglichst unauffällig an einem weniger zentral gelegenen Ort. Es sei doch unziemlich, einem Manne ein größeres Denkmal zu errichten, der als Häretiker vom «Heiligen Offizium» verurteilt sei und dessen Bußen in der Zeit, da er starb, noch in Kraft waren. Vor allem möge man dies bei der Wahl der Grabschrift bedenken. Wohlwill berichtet über das Gespräch des Papstes mit Niccolini: «Urban stand damals im vierundsiebzigsten Lebensjahr – Niccolini schildert ihn als körperlich verfallen, das Haupt eingesunken, so daß es mit den Schultern gleich zu liegen schien; aber seine Worte atmeten den unversöhnlichen Groll gegen den Toten ... Noch einmal brach er in heftige Worte aus gegen die falsche und irrige Meinung und gegen den Mann, der sie gelehrt, nachdem sie verdammt worden, auch in Florenz sie vielen anderen beigebracht und damit der gesamten Christenheit ein Ärgernis gegeben habe.» – «Und damit ging viel Zeit hin», fügte der Gesandte hinzu.[98]

Auch in dieser Situation hat der Großherzog von Florenz, Ferdinand II., dem Papst gegenüber kein Rückgrat. Er befolgte gehorsam die «Ratschläge» Seiner Heiligkeit. Es wurde kein Denkmal errichtet. Die von Galilei testamentarisch bestimmte Überführung des Leichnams in die Familiengruft unterblieb. Fast ein Jahrhundert ruhten die Gebeine Galileis im Glockenturm der Seitenkapelle von Santa Croce. Erst am 13. März 1736 wird der Leichnam Galileis in das Mausoleum im Hauptschiff der Kirche übergeführt, das auf Grund des Testamentes von Vincenzo Viviani errichtet worden war.

Bis zum Jahre 1757 standen alle Bücher, die den Stillstand der Sonne lehrten, auf dem Index der verbotenen Bücher. Die Schrift von Foscarini, Keplers «Epitome astronomiae Copernicanae» (Grundriß der kopernikanischen Astronomie), Galileis Dialog und das Werk des Kopernikus «De revolutionibus orbium coelestium» wurden erst 1835 vom Index getilgt.

Ein Jahr nach dem Tode Galileis, am 4. Januar 1643, wird sein eigentlicher Nachfolger, Isaac Newton, geboren. Tycho Brahe war schon 1601, Johannes Kepler 1630 gestorben. Fünfundvierzig Jahre gingen hin, bis mit Newtons großem Werk «Mathematische Grundlagen der Naturphilosophie» (1687) Galileis Lebensleistung ihre unmittelbare Fortsetzung fand. Nur einer – wenn wir von Torricelli

absehen, der fünf Jahre später (1647) seinem Meister im Tode folgte –
überbrückte diese Kluft zwischen Galilei und Newton: Christiaan
Huygens, geboren am 14. April 1629 in Den Haag, der Entdecker des
Wellencharakters des Lichtes. Ihn nannte Newton: Summus Hugeni-
us – und er wußte, warum er ihm einen solchen Lobesnamen gab. Der
Italiener Galileo Galilei, der Holländer Christiaan Huygens und der
Engländer Isaac Newton haben die mathematisch-physikalische Me-
thode der abendländischen Naturwissenschaft begründet – gegen
den Widerstand der konservativen Mächte, welche die Geburt des
Geistes der Neuzeit zu verhindern suchten.

SCHLUSSBETRACHTUNG

Die Naturwissenschaft als gültige Erkenntnismethode war begründet.
Das Schicksal des Abendlandes konnte seinen Lauf nehmen. Dem
Triumvirat Galilei–Huygens–Newton folgten Tausende und aber
Tausende von Forschern, die alle mehr oder weniger den gleichen,
wie vorbestimmten Kurs steuerten.

Im Mittelalter hatte es im Grunde nur die e i n e Wissenschaft (auch
«Königin aller Wissenschaften» genannt), die Theologie, gegeben,
die ihren Mägden, der Philosophie, der Medizin und der Jurisprudenz, ihre Aufgaben zuwies. Natur-Kunde war kein selbständiges
Fach, sondern Sache der Philosophen und Mediziner. Nach und nach
entglitt die Natur auch dem Philosophen. Als Hilfswissenschaft der
Ärzte begann die Naturwissenschaft mehr und mehr, sich selbständig
zu entwickeln. Die neue Methode war gefunden, der Natur ihre Geheimnisse ohne Anleihen bei Theologie und Philosophie zu entrei-
ßen. Das messende, auf Beobachtung und Denken beruhende Verfahren hatte sich auf zwei Gebieten der Physik, der Mechanik und
Dynamik, als eminent fruchtbar zur Erreichung objektiver Erkenntnis erwiesen. Mit der kausal-analytischen Fragestellung galt es nun,
alle anderen Gebiete der sinnlichen Erfahrung wissenschaftlich zu
durchdringen.

Da das Lehramt der Kirche sich im entscheidenden Augenblick gegen diese Entwicklung gestellt hatte, und da in den rein katholischen
Ländern diese Opposition auch nach dem Tode Galileis aufrechterhalten wurde, wanderte die Wissenschaft aus dem Süden Europas
zunehmend aus und wandte sich nach Norden. Holland, Frankreich,
England, Skandinavien, Deutschland boten von nun ab einen gedeih-
licheren Boden für die Forschung. Später gesellten sich dem auch die
östlichen Länder Europas, vor allem Polen und Rußland (Lomonos-

sow!) hinzu. Gleichzeitig begann der große Differenzierungsprozeß der Naturwissenschaft: die Chemie löste sich von der Physik als selbständiges Fach ab. Kaum hatte die Geographie sich als eigene Wissenschaft herausgegliedert, mußte sie die Geologie und diese ihrerseits die Mineralogie und Paläontologie als eigenständige Gebiete absondern. Am längsten wurden Biologie und Anthropologie im Schoße der Medizin verwaltet. Aber der Prozeß war unaufhaltsam. Botanik und Zoologie lösten sich heraus, zogen die Arzneimittelkunde mit sich. Dieser Aufgliederungsprozeß, der vielfach auch zur Zersplitterung und zu unguter Spezialisierung geführt hat, hat bis in unsere Tage kein Ende gefunden. Jedes der genannten Wissenschaftsgebiete ist heute in eine Fülle von Spezialfächern aufgegliedert. Die Not, die man auch grob das Problem des «Fach-Idioten» (Idios = der Einzelne, der Eigene) genannt hat, nämlich das Unvermögen des Spezialisten, die Sprache eines anderen, von dessen Disziplin geprägten Spezialisten zu verstehen, ist bekannt. Aber der größte Abgrund klafft, trotz unablässiger Bemühungen, ihn zu überbrücken, zwischen der ursprünglichen Mutter und ihrem Kinde: der Theologie als Wissenschaft des Offenbarungsglaubens und der Wissenschaft von der Natur, so wie sie heute international an den Universitäten und technischen Hochschulen betrieben wird. Beide nennen sich «Wissenschaft», aber sie reden in zwei sich gegenseitig ausschließenden Sprachen. Der Theologe, soweit er nicht der Gruppe liberalisierender Aufklärer angehört, nimmt die «göttliche Offenbarung» als gegeben hin. Sein Denken stellt er in den Dienst dieser Offenbarung. Der Naturwissenschaftler geht von der Natur als einer Gegebenheit aus. Durch messende Beobachtung gelangt er zu seinen Ergebnissen, von denen er verlangt, daß sie jederzeit und durch jedermann – Fachkenntnis vorausgesetzt – reproduzierbar sind. Mit anderen Worten: die Theologen gründen auch heute auf «innere» Erfahrungen, in der Regel aber auf solche, die vor langen Zeiten durch einzelne hervorragende Menschen wie Moses, die jüdischen Propheten, die Evangelisten, durch Paulus, Johannes, aber auch durch die «Kirchenväter» gemacht und geäußert wurden. Ihr Hochziel ist: Verständnis der Glaubensinhalte. Ungewollt und zumeist bestritten, ist die Tendenz des Rückwärtsgewandten in der bisherigen christlichen Theologie – von Outsidern abgesehen – unverkennbar.

Für den Naturwissenschaftler von heute gilt nur die «äußere» Erfahrung. Denn der seit Galilei gültige Richtsatz: *Man muß messen, was meßbar ist und was nicht meßbar ist, meßbar machen,* läßt sich nur auf die äußere, gegenständliche Welt anwenden. Der Verfolgung dieses Leitzieles verdankt die moderne Naturwissenschaft ihre Größe. Ihr Hochziel ist: die Gesetze der Natur so zu erkennen, daß diese Kenntnis in technische Fähig- und Fertigkeiten übertragen werden kann. Das Heer der Techniker und Ingenieure, der Arbeiter und Angestellten der Industrien, des Nachrichten- und Verkehrswesens, kurz, der globalen Technik, ist auf dieses Ziel ausgerichtet. Der Glaube verwandelte sich in das Wissen von einer durch den Menschen manipulierbaren Welt. Hier ist die Tendenz, nach vorwärts, zur Zukunft, stets zum neuesten Modell drängend, ebenso offenkundig wie die Grundneigung der kirchlichen Lehre – trotz aller Eschatologie – zum Vergangenen. Vereinfacht ausgesprochen: der «Mensch von heute» fühlt mehr oder weniger, daß die Kirchen etwas vom Wesen der Reaktion in sich tragen. Naturwissenschaft und Technik sind stets revolutionierend.

Aber das ist nicht das letzte. Der «Mensch von heute», der mit Hilfe der Naturwissenschaft gelernt hat, nicht nur seine gesamte Umwelt, sondern auch Geburt und Tod zu manipulieren, fühlt sich im Grunde dabei nicht wohl. Sein ganzes Dasein ist auf die Zukunft gerichtet, aber vor dieser Zukunft hat er Angst. Er weiß: aus der klassischen Physik Galileis und Newtons hat sich die atomare Physik von Einstein, Planck, Born, Bohr, Rutherford und anderen ergeben. Oppenheimer, Teller und ihre Helfer haben diese Kenntnisse in Zerstörungsmittel umgewandelt. In Hiroshima und Nagasaki offenbarten sich die praktischen Folgen, die Taten dieses Ungeistes der Vernichtung. Viele nahmen diese Ereignisse als ernste Warnsignale; zumindest sind innere Unsicherheit und allgemeine Unruhe die Folge.

Als Papst Paul VI. im Juli 1968 in der Enzyklika «Humanae Vitae» die Anwendung bio-chemischer Mittel zur Geburtenbeschränkung den Gläubigen seiner Kirche untersagte und sich mit seinem Sendschreiben zugleich an alle Menschen wandte, «die eines guten Willens sind», erhob sich ein Sturm der Entrüstung, vor allem im eigenen Lager. Mehr als einmal wurde der Geist Galileis beschworen. Eine deutsche Zeitung wurde – wenn auch nicht besonders geschmackvoll – so deutlich, daß sie einen Artikel überschrieb: «Galilei und die Pille». Der Zusammenhang liegt auf der Hand. Im 17. Jahrhundert griff das Lehramt der Kirche in die Gedankenfreiheit ihrer Gläubigen ein – und mußte sich unter dem Druck der siegreichen Naturwissenschaft im 19. Jahrhundert von ihrer Handlungsweise distanzieren. Im 20. Jahrhundert hat das Oberhaupt der Kirche versucht, in die Handlungsfreiheit der Gläubigen einzugreifen. Wie lange wird es währen, bis auch hier ein erzwungener Rückzug erfolgt?

Mit solchen Überlegungen aber wird das Kernproblem kaum berührt. Wir sagten, dem «Menschen von heute» ist nicht wohl, wenn er den rasanten Siegeszug der angewandten Naturwissenschaft verfolgt. Ihm ist auch nicht wohl, wenn es ihm perfekt gelingt, ungewünschte Nachkommenschaft zu verhindern, ohne sich selbst Beschränkungen auflegen zu müssen. In beiden Fällen sagt ihm eine «innere Stimme», daß «irgend etwas» nicht in Ordnung ist. Aber wie dem begegnen? Ein Zurück in die Ausgangssituation, etwa des 12. bis 14. Jahrhunderts, gibt es nicht. Technische Manipulierbarkeit aller Lebensumstände ist unser Schicksal. Aber bedeutet das, auf die Zukunft gesehen, Verlust aller religiösen und moralischen Werte? War der Weg, der mit dem Kardinal Nikolaus von Kues begann und über Kopernikus, Galilei, Newton führte, ein Irrweg? Ein Physiker wie Pascual Jordan nennt die moderne Entwicklung einen «gescheiterten Aufstand». Also doch zurück? Nur Illusionisten und Utopisten vermögen daran zu glauben, beziehungsweise es zu wollen.

Der Weg von Galilei über Newton in die Gegenwart ist nicht der einzig mögliche. Nicht zufällig schätzte Goethe den Kopernikus, den Galilei sehr, während er in Isaac Newton, obwohl dieser schon 1727 gestorben war, nahezu einen persönlichen Gegner sah.

Heute wird deutlich, daß es auch den anderen Weg gibt, auf dem im Gegensatz zu der ausschließlich quantitativen Methode, mit Hilfe der «anschauenden Urteilskraft», wie Goethe es nannte, auch die «Qualitäten» des Daseins erkannt werden können. Auch dieser Weg nimmt mit dem Kardinal von Kues seinen Anfang, führt über Kopernikus, Paracelsus, Giordano Bruno, Johannes Kepler, Novalis zu Goethe. Am Rande dieses Weges stand, sehnsuchtsvoll auf geistige Morgenröte hoffend, der Görlitzer Schuster Jakob Böhme sowie der schwäbische Geistliche Johann Valentin Andreä. Dieser zweite Weg war auch die große Hoffnung der deutschen Idealisten, von Herder, von Hegel und Schelling, auch von Schopenhauer und Alexander von Humboldt. Sie alle erwarteten von einer Naturwissenschaft im Sinne Goethes eine Ergänzung und Vertiefung der nur «von außen» an Welt, Erde und Mensch herantretenden, offiziellen Wissenschaft. Bedeutende Männer wie der Sohn von J. G. Fichte: Immanuel Hermann Fichte, der Norweger Steffens, der Schweizer Troxler, die Deutschen Carus und Schubert trugen das Ihre dazu bei, daß eine spirituelle Ergänzung der nur auf Sinnesbeobachtung – einschließlich der durch Mikroskop und Teleskop verstärkten Sinne – basierenden «exakten» Naturwissenschaft gegeben werde. Doch ihre Kraft reichte nicht aus. Der Trend der quantitativ kausal-mechanischen Richtung war zu stark. Die «Romantiker» unterlagen. Seit Anfang des 20. Jahrhunderts wird von manchen Seiten eine Vertiefung der Naturwissenschaft zur Geisteswissenschaft angestrebt, um eine Erweiterung des Erkenntnisfeldes zu erreichen. Dabei übersieht man leicht, daß dieser «zweite» Wissenschaftsweg von dem Forscher eine zusätzliche Fähigkeit verlangt. Die Beschränkung Galileis und Newtons auf die Methoden von «Maß, Zahl und Gewicht» hat die moderne «Exaktheit» und «Objektivität» der Forschung begründet. Sie bedeutet aber zugleich eine erhebliche Einengung des Erkenntnisfeldes. Denn die drei Daseinsschichten, die man seit eh und je mit den Worten «Leben, Seele, Geist» bezeichnet hat, entziehen sich in hohem Maße der messenden Methode. Es versteht sich von selbst, daß am Ende nur von Materie als dem Eigentlichen der Welt die Rede sein kann, wenn die Erkenntnismethode nur für materielle Zusammenhänge – für diese freilich hervorragend – geeignet ist. Ohne weitere Begründung dürfte klar sein, daß Seele nur durch Seele und Geist nur durch Geist erkannt werden können. Die Forschung der Zukunft muß, unter Wahrung der bisher gewonnenen Exaktheit und Objektivität, ihre Beobachtungsfähigkeit derart verfeinern, daß sie auch zu «seelischen Beobachtungsresultaten»[99] wissenschaftlich durchzudringen vermag. So wenig ein Astronaut den «lieben Gott» hinter dem Mond versteckt oder sonst irgendwo im Weltenraum finden kann, weil sinnliche Organe nur Sinnenhaftes erkennen können, so wenig vermögen Seele und Geist anders als durch aktive Seelenbeobachtung und geistiges Denken erfaßt werden. Damit würde aber der Weg betretbar, der zu dem Objekt der Erkenntnis nicht nur die reine Sinnessphäre, sondern auch die Gebiete des Über-Sinnlichen in die Forschung einzubeziehen imstande ist. Die Erkenntnis würde sich auch auf solche Fragen erstrecken können, die von der Theologie bis heute als Reservate des Glaubens angesehen werden. Goethes und auch Rudolf Steiners gesamtes Bemühen um Natur- und Geisterkenntnis weist in diese Richtung. Gemessen an den Erfolgen der heutigen Naturwissenschaft, sind die Bemühungen der bisherigen «Goetheanisten» keimhaft geblieben. Aber wenn, wie wir meinen, die Keime gesund sind, berechtigen sie auch zu der Hoffnung, daß sich aus ihnen eine solche Forschung entwickeln wird, die nicht nur auf dem Intellekt, sondern auf dem Geiste beruht und darum auch dem Geist in aller Welt zu begegnen vermag. Auf einem solchen Wege ist eine Versöhnung der seit Galilei so tragisch getrennten Gebiete Wissen und Glauben durchaus denkbar.

ANMERKUNGEN

1 Zum «Fall Galilei» gibt es eine Reihe von guten Werken in deutscher Sprache. Das bedeutendste unter ihnen ist zweifellos auch heute noch Emil Wohlwills «Galilei und sein Kampf für die copernikanische Lehre» in zwei Bänden (s. Bibliographie). Danach sind die «Galileistudien» von Hartmann Grisar, S. J., zu nennen, die vor allem einen Überblick über die veröffentlichten Akten zum Galilei-Prozeß ermöglichen. Dann Leonardo Olschkis «Galilei und seine Zeit» mit einer einleitenden Würdigung von Lehre und Schicksal Giordano Brunos. Ludwig Bieberbachs «Galilei und die Inquisition» bringt u. a. biographische Notizen über die am Prozeß beteiligten Persönlichkeiten. Rudolf Laemmels «Galileo Galilei und sein Zeitalter» enthält leider weder Quellennachweise noch Namen- bzw. Sachregister. Das gilt auch für die im übrigen gut unterrichtende Biographie von Hans-Christian Freiesleben: «Galileo Galilei. Physik und Glaube an der Wende zur Neuzeit». Das Unzutreffende sowohl in der Charakterisierung der Persönlichkeit Galileis als auch der historischen Fakten in Bertolt Brechts Schauspiel «Leben des Galilei» wurde von Gerhard Szczesny in seiner Studie «Das Leben des Galilei und der Fall Bertolt Brecht» herausgearbeitet. Eine weitere seltsame Verzeichnung des Geisteskampfes Galileis bringt Arthur Koestler in «Die Nachtwandler». Neben Grisar und der Vatikan-Ausgabe von Lamalle und Paschini dient die Koestler-Darstellung für Brandmüllers Aufsatz «Der Fall Galilei» in den «Stimmen der Zeit» als Vorbild, um die Schuld am «Fall Galilei» dem «aufklärerischen Rationalismus» zuschreiben zu können und die Jesuiten und das Lehramt der Kirche zu entlasten. Demgegenüber ist Friedrich Dessauers «Der Fall Galilei und wir» wohltuend deutlich und vermeidet jede Verharmlosung der «abendländischen Tragödie», die Dessauer am Schicksal Galileis erlebt.
Als urtextliche Kontrolle für Dokumente ist zu empfehlen: «Dal Carteggio e dai Documenti» von Eugenio Garin. Hans Blumenbergs Teilausgabe von Werken Galileis macht neben dem *Sternenboten* und Kapiteln aus dem *Dialog* auch Abschnitte der sonst schwer zugänglichen Vorträge Galileis über *Vermessung der Hölle Dantes* und *Marginalien zu Tasso* – jeweils mit einer Einleitung versehen – dem deutschen Leser zugänglich.

2 Bieberbach, S. 108
3 Wohlwill I, S. 71
4 Wohlwill I, S. 80
5 Olschki, S. 110
6 Wohlwill I, S. 114 Anm.
7 Zitiert nach Szczesny
8 Dannemann I, S. 37
9 Wohlwill I, S. 121
10 Freiesleben, S. 34
11 Baumgardt, S. 34 (zugleich Carteggio Nr. 53)
12 a. a. O.
13 a. a. O.

14 Vgl. Wohlwill I, 4. Kap. ab S. 141

15 Wohlwill I, S. 164

16 Mit einem Empfehlungsschreiben vom 25. September 1608 reiste der in Wesel geborene, in Middelburg ansässige Brillenmacher Johann Lippershey nach Den Haag, um dem dortigen Prinzen, Statthalter Moritz von Oranien, ein von ihm selbst konstruiertes Fernrohr anzubieten. Nach Protokollen vom 2. und 5. Oktober 1608 gingen die Vertreter der holländischen Generalstaaten auf das Angebot von Johann Lippershey ein und stellten nur die Forderung, das Fernrohr sei «in der Weise zu verbessern, daß man mit zwei Augen hindurchsehen könne».

Schon wenige Tage später, am 17. Oktober 1608, bot ein anderer Holländer, Jacob Adriaanszon (gen. Metius), seiner Regierung ein ähnliches Instrument zum Fernsehen an. Auch ihm wurde Unterstützung zugesagt. Bald trat ein dritter auf den Plan, der sich gleichfalls die Erfindung des Fernrohres zusprach. Deutlich wurde, daß diese «Erfindung» in der Luft lag, so daß sie nicht, wie aus kommerziellen Gründen die ersten Konstrukteure es erhofften, geheimzuhalten war. Schon ein Protokoll vom 15. Dezember 1608 hält fest, daß Privilegien nicht erteilt werden könnten, «da ersichtlich verschiedene andere von der Erfindung, in die Ferne zu sehen, Kenntnis haben» (nach Wohlwill I, S. 226).

Über Frankreich, wo in Paris schon im April 1609 Fernrohre in öffentlichen Läden zum Verkauf angeboten wurden, gelangte voraussichtlich die Kunde von dem neuen Instrument nach Italien. Hier wiederholte sich, was zuvor in Holland geschehen: es meldeten sich gleich eine Reihe von Bastlern, die alle die Ehre für sich beanspruchten, Erfinder des Fernrohres zu sein. Unter ihnen auch – wenn auch mit relativ berechtigtem Anspruch – Galileo Galilei.

17 Wohlwill I, S. 230

18 S. Anm. 1

19 Siehe Hans Blumenberg: «Galileo Galilei. Sidereus Nuncius». Frankfurt a. M. 1965

20 Blumenberg, S. 81

21 Ebd.

22 Ebd.

23 Blumenberg, S. 128

24 Wohlwill I, S. 185–187

25 Carteggio, S. 87 und Laemmel, S. 109–110

26 Baumgardt, S. 73, Galileis Antwort an Kepler: Padua, 19. August 1610

27 Vgl. Wohlwill I, 10. Kapitel

28 Wohlwill I, S. 367

29 Wohlwill I, S. 379

30 Wohlwill I, S. 388

31 Wohlwill I, S. 390

32 Wohlwill I, S. 406

33 Wohlwill I, S. 425

34 Ebd.

35 Wohlwill I, S. 432

36 Wohlwill I, S. 437

37 Ebd.
38 Blumenberg, S. 159
39 Wohlwill I, S. 439
40 Wohlwill I, S. 485
41 Wohlwill I, S. 487
42 Wohlwill I, S. 488
43 Freiesleben, S. 73
44 Ebd.
45 Wohlwill I, S. 524–526
46 Wohlwill I, S. 531
47 Wohlwill I, S. 534
48 Ebd.
49 Wohlwill I, S. 539
50 Wohlwill I, S. 543
51 Wohlwill I, S. 545
52 Wohlwill I, S. 547
53 Wohlwill I, S. 547–548
54 Wohlwill I, S. 578
55 Ebd.
56 Wohlwill I, S. 585
57 Wohlwill I, S. 586
58 Wohlwill I, S. 641
59 Wohlwill I, S. 640
60 Wohlwill II, S. 183
61 Freiesleben, S. 88
62 Bieberbach, S. 69
63 Bieberbach, S. 70
64 Wohlwill II, 2. Kapitel
65 Wohlwill II, S. 31
66 Wohlwill II, S. 32–33
67 Freiesleben, S. 96
68 Wohlwill II, S. 62
69 Wohlwill II, S. 61
70 Wohlwill II, S. 76
71 Blumenberg, S. 136–137
72 Blumenberg, S. 134
73 Blumenberg, S. 224
74 Wohlwill II, S. 143
75 Wohlwill II, S. 159
76 Wohlwill II, S. 158 Anm.
77 Wohlwill II, S. 166
78 Mit der Äußerung des österreichischen Jesuitenpaters Christoph Grienberger (1561–1636) vom römischen Jesuitenkollegium: «Wenn Galilei
sich die Zuneigung der Väter und des Kollegiums zu erhalten gewußt
hätte, so würde er ruhmreich in der Welt leben und nichts von all diesem Mißgeschick hätte ihn getroffen, und er hätte nach Belieben über
alles schreiben können, selbst über die Bewegung der Erde», ist die
ganze Wirklichkeit des «Falles Galilei» bestimmt nicht getroffen, aber

als Teilwahrheit hat die Aussage ihre Gültigkeit. Galilei selbst war dieser Auffassung: *So seht Ihr, daß es nicht diese oder jene Meinung ist, die mir den Krieg heraufbeschworen hat, sondern nur die Ungnade der Jesuiten,* schrieb er an einen Freund. Um so unverständlicher ist es, wenn in unseren Tagen – im Dezember 1968 in «Stimmen der Zeit» – Walter Brandmüller die Behauptung aufstellt, daß es «wohl als gesichertes Ergebnis zu betrachten sei, daß die Lamentationen Galileis über Neid, Mißgunst und Feindschaft der Jesuiten gegen ihn nicht den Tatsachen entsprechen. Trotz der leidigen Prioritätsstreitigkeiten mit Scheiner und der Auseinandersetzung mit Grassi kann von einer Feindschaft der Jesuiten und von ihrer Urheberschaft am Vorgehen der Inquisition gegen ihn kaum gesprochen werden.»

79 Wohlwill II, S. 166–167
80 Bieberbach, S. 91
81 Bieberbach, S. 92
82 Bieberbach, S. 93
83 Bieberbach, S. 99
84 Bieberbach, S. 100
85 Bieberbach, S. 100–101
86 Bieberbach, S. 102–103
87 Bieberbach, S. 105
88 Ebd.
89 Bieberbach, S. 106–108
90 Freiesleben, S. 157
91 Ebd.
92 Freiesleben ist gegenteiliger Meinung. In dem Bestreben, Galilei als «guten Katholiken» darzustellen, urteilt er über den Leydener Druck des *Dialogs* und der beiden Anhänge: «Der offene Ton dieser Briefe» – Bernegger an Galilei – «ist unvereinbar mit der Annahme, daß hier eine Überlistung der Inquisition geplant war» (S. 160).
93 Freiesleben, S. 159
94 Laemmel, S. 255
95 Laemmel, S. 281 (zugleich Carteggio Nr. 579)
96 Laemmel, S. 287 (zugleich Carteggio Nr. 541)
97 Laemmel, S. 286 (zugleich Carteggio Nr. 591)
98 Wohlwill II, S. 192
99 «Seelische Beobachtungsresultate nach naturwissenschaftlicher Methode» lautete der Untertitel der «Philosophie der Freiheit» (1894) R. Steiners.

ZEITTAFEL

1473	Nikolaus Kopernikus am 19. Februar in Thorn geboren
1546	Tycho Brahe am 14. Dezember in Knudstrup geboren
1562	Die Eltern Galileis: Vincenzio di Michelangelo di Giovanni Galilei heiratet Giulia di Cosimo di Ventura degli Ammannati aus Pescia am 5. Juli
1564	Galileo Galilei am 15. Februar in Pisa geboren und am 19. Februar getauft
1571	Johannes Kepler am 27. Dezember in Weil der Stadt geboren
1574	Galileo weilt mit der Familie in Florenz
1579	Galilei im Kloster von Santa Maria di Vallombrosa. Im Juli kehrt er zur Familie nach Florenz zurück
1581	5. September: Immatrikulation als Student in Pisa
1583	Erste Beobachtungen der Pendelbewegungen. Erstes Studium der Geometrie
1585	Nach Beendigung des vierten Studienjahres kehrt er nach Florenz zurück
1586	Erfindung einer Waage für spezifisches Gewicht (Bilancetta)
1587	Erste Reise nach Rom
1588	Galilei bewirbt sich um den Lehrstuhl für Mathematik an der Universität von Padua, der durch den Tod von Moletti freigeworden ist. Er hält zwei öffentliche Vorlesungen in der Accademia Fiorentina über Form, Lage und Größe der Hölle (Inferno) von Dante. Er bemüht sich um den Lehrstuhl für Mathematik in Pisa und um den Lehrstuhl für Mathematik in Florenz, der von Cosimo I. gestiftet wurde
1589	Galilei wird auf den Lehrstuhl für Mathematik an der Universität von Pisa mit einem Gehalt von 60 Scudi im Jahr berufen. Am 12. November Antrittsvorlesung, 14. November Beginn der Vorlesungen
1590–1591	Experimente zu den Fallgesetzen am Turm von Pisa. Schrift *De motu*
1591	2. Juli: Tod des Vaters Vincenzio Galilei
1592	Galilei bewirbt sich um den freistehenden Lehrstuhl für Mathematik in Padua. Am 26. September wird er vom Senat der Stadt Venedig für diesen Lehrstuhl auf vier Jahre fest und auf zwei in Aussicht gewählt und erhält ein Gehalt von 180 Fiorini jährlich. Am 7. Dezember Antrittsvorlesung, 13. Dezember Beginn der Vorlesungen
1593	*Traktat über Befestigungen* und *Traktat über Mechanik*. Galilei erfindet eine Maschine, um Wasser zu heben
1597	Erste Konstruktionen des geometrischen und militärischen Proportionszirkels. Pro-kopernikanischer Brief an Kepler und *Traktat über die Himmelskugel oder Kosmographie*
1599	Beginn des Verhältnisses mit Marina Gamba. Er nimmt den Mechaniker Marcantonio Mazzoleni zu sich, der für ihn mathematische Instrumente arbeitet. Bestätigung für den Lehrstuhl für

	Mathematik an der Universität Padua mit einem Gehalt von 320 Fiorini jährlich auf sechs Jahre. Er wird bei der «Accademia dei Ricovrati» eingeschrieben
1600	13. August: Marina Gamba schenkt ihm eine erste Tochter, die den Namen Virginia erhält
1601	18. August: Geburt seiner zweiter Tochter: Livia
1604	Erprobt eine Maschine zum Heben von Wasser im Garten der Casa Contarini zu Padua. Oktober: Er entdeckt die Gesetze der natürlichen Bewegungsbeschleunigung. Der Neue Stern, der im Schützen aufgetaucht ist, wird am 24. Dezember von Galilei beobachtet
1605	Drei Vorlesungen über den *Neuen Stern*. Beginn der Unterweisungen des Erbprinzen von Toscana, Cosimo de' Medici, in Mathematik
1606	Galilei konstruiert ein Thermometer. In seinem Haus in Padua wird in sechzig Exemplaren das kleine Werk *Die Operationen des geometrisch-militärischen Zirkels* gedruckt. August: Lehramtsbestätigung für weitere sechs Jahre in Padua, sein Gehalt steigt auf 520 Fiorini. Am 21. August wird sein Sohn Vincenzio geboren
1608	Galilei verbringt einen großen Teil seiner Ferien in Florenz, vom Großherzog dorthin berufen. November/Dezember: vorbereitende Studien für die *Neuen Wissenschaften*
1609	Cosimo II. wird Großherzog von Toscana. Studien über die Bewegung von Geschossen. Konstruktion des Fernrohres. Am 21. August besteigt Galilei den Turm von San Marco, um einigen venezianischen Patriziern die Wirkung des Fernrohres zu zeigen. Er schenkt das Instrument der Signoria von Venedig. Der Lehrstuhl in Padua wird ihm auf Lebenszeit bestätigt; Jahresgehalt 1000 Fiorini
1610	Galilei entdeckt drei Jupiter-Monde, einige Tage später den vierten. *Sidereus nuncius* geht in Druck und wird in 550 Exemplaren veröffentlicht. Anläßlich der Osterferien begibt Galilei sich nach Pisa, um dem Hof von Toscana die Mediceischen Planeten zu zeigen. Der Großherzog von Toscana verleiht ihm eine Goldkette im Wert von 400 Scudi aus Dankbarkeit für die Widmung der Mediceischen Planeten. Galilei hält an der Universität Padua drei Vorlesungen über seine Entdeckung der Mediceischen Planeten. Verzicht auf den Lehrstuhl an der Universität Padua. Galilei wird zum «Ersten Mathematiker und Philosophen des Großherzogs von Toscana» mit einem Jahresgehalt von 1000 Florentiner Scudi ernannt. Entdeckung des aus drei Körpern bestehenden Saturn und der Sonnenflecken. Von Kepler wird die Entdeckung der Mediceischen Planeten bestätigt. Rückkehr nach Florenz. Er entdeckt die Phasen der Venus
1611	Michelangelo Galilei vermittelt ihm eine Beziehung zu Kardinal Maffeo Barberini, dem späteren Papst Urban VIII. Zweite Reise nach Rom, Ankunft dort am 29. März; wohnt im Hause

des Botschafters der Toscana, G. Niccolini. Der Kardinal Bellarmin befragt die Mathematiker des Collegium Romanum nach ihrer Meinung über die Entdeckungen Galileis. Er wird in die Accademia dei Lincei eingeschrieben. Im Juni kehrt er von Rom nach Florenz zurück

1612 Der *Diskurs über die Dinge, die sich auf dem Wasser befinden* wird in Florenz veröffentlicht. Das Sekretariat des Staates von Toscana bietet der spanischen Regierung die Entdeckung Galileis zur Bestimmung der Längengrade an. Pater Lorini predigt in San Marco zu Florenz gegen Galileis Lehre von der Bewegung der Erde

1613 Die Drucklegung der *Briefe über die Sonnenflecken* erfolgt. Brief Galileis an Pater Castelli, in dem er die Grenzen zwischen der Wissenschaft und dem Glauben aufzeichnet

1614 Galileis Töchter, Virginia und Livia, nehmen in San Matteo zu Arcetri den Schleier. Der Dominikaner Caccini wettert gegen Galilei von der Kanzel der Kirche Santa Maria Novella

1615 Schrift des Paters Foscarini über die Ansicht der Pythagoräer. Brief Galileis an die Großherzogin von Toscana, Christine von Lothringen. Der Dominikaner Lorini denunziert Galilei bei der Inquisition. Brief des Kardinals Bellarmin an Pater Foscarini. Galilei antwortet unter dem Namen Castelli auf die Angriffe gegen seine Schrift über schwimmende Gegenstände. Dritte Reise nach Rom

1616 Diskurs über *Ebbe und Flut*. Briefe zur Verteidigung des kopernikanischen Systems. Den Theologen der Inquisition werden die zu verwerfenden Sätze in bezug auf die Bewegung der Erde bekanntgegeben. Einstimmige Antwort der elf Theologen auf die zu verwerfenden Sätze. Galilei wird «ermahnt». Kardinal Bellarmin berichtet über den Verweis und verliest den Brief der Indexkongregation vor der Kongregation der Inquisition. Das Dekret wird veröffentlicht. «Disputatio de situ et quiete terrae contra Copernici systema» von Francesco Ingoli. Wiederaufnahme der Verhandlungen mit Spanien über die Längengradbestimmung. Zeugnis Kardinal Bellarmins zugunsten Galileis. Juni: Abreise aus Rom

1617 Giovanni Antonio Roffeni schlägt Galilei vor, sich um den Lehrstuhl für Mathematik in Bologna zu bewerben

1618 Wallfahrt Galileis nach Loreto. Pater Grassi verkündet sein «De Tribus Cometis Anni MDCXVIII Disputatio Astronomica»

1619 Legitimierung von Vincenzio Galilei. Pater Grassi veröffentlicht unter dem Pseudonym Lothario Sarsi die «Libra Astronomica ac Philosophica»

1620 August: Beerdigung der Mutter Galileis. Kardinal Barberini schickt Galilei die «Adulatio perniciosa», die er zu seinen Ehren verfaßte

1621 Galilei wird zum Konsul der Florentiner Akademie gewählt. Cosimo II., Großherzog von Toscana, stirbt

1622	Galilei schickt Cesarini das Manuskript des *Saggiatore* zur Prüfung durch die Lincei und Weitergabe zum Drucker
1623	Galilei, zum Konsul der Florentiner Akademie gewählt, setzt Alessandro Sestini an seine Stelle. August: Maffeo Barberini besteigt als Urban VIII. den Papstthron. Der *Saggiatore*, von Pater Riccardi zum Druck zugelassen, wird veröffentlicht und Urban VIII. gewidmet
1624	Im April vierte Reise nach Rom; in Acquasparta Gast des Fürsten Cesi. Antwort auf Ingolis Schrift, Vervollkommnung der Konstruktion des zusammengesetzten Mikroskops
1626	Pater Grassi antwortet auf den *Saggiatore* mit «Ratio Ponderum Librae ac Simbellae»
1628	Galilei erkrankt im März lebensgefährlich. Im Dezember wird ihm ein Sitz im Rat der Zweihundert übertragen, und er erhält auf diese Weise florentinisches Bürgerrecht
1629	Vincenzio Galilei heiratet Sestilia Bocchineri. Galileo di Vincenzio Galilei wird geboren. Galilei erwirbt auf den Namen seines Sohnes ein Haus am Ufer von San Giorgio (Florenz)
1630	Urban VIII. gewährt Galilei eine Pension von 40 Scudi auf eine Domherrenpfründe der Kathedrale von Pisa. Im Mai reist Galilei zum fünftenmal nach Rom, diesmal um die Druckgenehmigung für *Dialogo dei Massimi Sistemi* zu erbitten, und kehrt im Juni «mit seiner vollen Zufriedenheit» zurück. Fürst Cesi stirbt in Acquasparta
1631	Galileis Bruder, Michelangelo Galilei, stirbt in München. Galilei erhält durch Pater Riccardi die Möglichkeit, die Verhandlungen über den Druck des *Dialogo dei Massimi Sistemi* in Florenz zu beenden. Er mietet für 35 Scudi jährlich die Villa Il Giojello in der Nähe des Klosters von San Matteo in Arcetri
1632	Der Druck des *Dialogo dei Massimi Sistemi* wird in Florenz abgeschlossen. Galilei bekommt eine Augenkrankheit. Dem Drucker Landini wird nahegelegt, den Verkauf des *Dialogo* einzustellen, und Galilei, keine weiteren Exemplare zu verbreiten. Der Inquisitor von Florenz teilt Galilei mit, daß er spätestens im Oktober vor dem Generalkommissar der Inquisition in Rom zu erscheinen habe, doch gibt er Galilei einen Aufschub. Im Dezember befiehlt der Papst, Galilei zur Abreise zu zwingen. Die Ärzte Vettorio de Rossi, Giovanni Ranconi und Pietro Cervieri attestieren, daß Galilei sich in einem lebensgefährlichen Zustand befindet
1633	Januar: Galilei reist nach Rom ab und kommt dort im Februar an, nachdem er durch die Quarantäne in Ponte a Centino gegangen ist. Erstes Verhör, nach dem er in den Räumen der Inquisition festgehalten wird. Nach dem zweiten Verhör darf er in den Palast des Botschafters von Toscana zurückkehren. Weiteres Verhör, einen Monat später nochmals und laut Papstbefehl unter Androhung der Folter, letztes Verhör im Juni, nach dem er wiederum in den Räumen der Inquisition zurückgehalten

wird. Am 22. Juni Galileis Schwur im großen Saal von Santa Maria sopra Minerva. Päpstliches Dekret, durch das Galilei gewährt wird, Rom zu verlassen und sich nach Siena zu begeben. Von Rom aus werden Abschriften des Urteilsspruches gegen Galilei und seine Abschwörung ausgesandt. Abreise nach Siena, wo er sich zum Erzbischof Ascanio Piccolomini begibt. Der Botschafter von Toscana bittet im Auftrag des Großherzogs um Befreiung Galileis, die vom Papst abgelehnt wird. Im Dezember erhält er die Erlaubnis, sich in seine Villa in Arcetri zurückzuziehen

1634   Galileis Bitte, nach Florenz übersiedeln zu dürfen, wird vom Papst abgeschlagen. Seine Tochter, Schwester Maria Celeste, stirbt, und in München stirbt die Witwe Michelangelo Galileis zugleich mit drei Söhnen, vermutlich an der Pest

1635   Geheime Verhandlungen wegen Übernahme des Lehrstuhls an der Universität in Amsterdam. Abschriften des *Dialogs* Galileis über die Neuen Wissenschaften gelangen nach Deutschland. Das Werk wird in die lateinische Sprache übersetzt und in Leyden gedruckt. Justus Sustermans malt Galilei

1636   Er bietet den Generalstaaten von Holland seine Entdeckung über die Bestimmung der Längengrade auf dem Meer an und soll zum Zeichen der Dankbarkeit für sein Angebot eine Goldkette im Wert von 500 Fiorini erhalten

1637   Gänzliche Erblindung des rechten Auges

1638   Galilei teilt Diodati mit, daß er *ein für alle Male gänzlich blind* geworden sei. Er bittet die Kongregation der Inquisition um Befreiung. Auf Befehl des Papstes wird er vom Inquisitor von Florenz und einem Arzt besucht und «gänzlich des Gesichts beraubt und völlig blind» vorgefunden. Brief an Antonini über die Schwankungen des Mondes. Galilei erhält die Erlaubnis, sich von seinem Haus Il Giojello zu seinem Haus am Ufer von San Giorgio zu begeben – aus Gesundheitsgründen. Er bekommt die Erlaubnis, sich unter gewissen Bedingungen in die Stadt zu begeben und an Festtagen die nächstgelegene Kirche aufzusuchen. Die Holländer wollen Galilei die Goldkette überreichen lassen, er lehnt jedoch ab. Galilei, von Krankheit heimgesucht und bettlägerig, glaubt sein Lebensende nahe. Sein Testament wird aufgesetzt

1639   Vincenzo Viviani wird von Galilei aufgenommen. In Paris erscheint eine französische Übersetzung des *Dialogs*. Der Papst lehnt «diversas gratias», um die Galilei gebeten hatte, ab

1641   Evangelista Torricelli wird zu Galilei berufen mit einem Gehalt von 7 Scudi monatlich. Galilei konzipiert die Anwendung des Uhrpendels

1642   Galilei stirbt am 8. Januar, sein Leichnam wird in der Turmkapelle von Santa Croce beigesetzt

1643   Isaac Newton am 5. Januar in Woolsthorpe geboren

1736   Galileis Leichnam wird in das Mausoleum überführt, das ihm von Vincenzo Viviani in Santa Croce errichtet worden war

1835   Der *Dialog* wird vom Index gestrichen

ZEUGNISSE

Johann Wolfgang von Goethe

Schien durch die Verulamische Zerstreuungsmethode die Naturwissenschaft auf ewig zersplittert, so ward sie durch Galilei sogleich wieder zur Sammlung gebracht: er führte die Naturlehre wieder in den Menschen zurück, und zeigte schon in früher Jugend, daß dem Genie ein Fall für tausend gelte, indem er sich aus schwingenden Kirchenlampen die Lehre des Pendels und des Falles der Körper entwickelte. Alles kommt in der Wissenschaft auf das an, was man ein Aperçu nennt, auf ein Gewahrwerden dessen, was eigentlich den Erscheinungen zum Grunde liegt. Und ein solches Gewahrwerden ist bis ins Unendliche fruchtbar.

Geschichte der Farbenlehre. Um 1800

Werner Heisenberg

Fast jeder Fortschritt der Naturwissenschaft ist mit einem Verzicht erkauft worden, fast für jede neue Erkenntnis müssen früher wichtige Fragestellungen und Begriffsbildungen aufgeopfert werden. Mit der Mehrung der Kenntnisse und Erkenntnisse werden so in gewisser Weise die Ansprüche der Naturforscher auf ein «Verständnis» der Welt immer geringer ... Das Studium dieser «Selbstbeschränkung», die mit jeder neuen physikalischen Erkenntnis zwangsläufig verbunden ist, vermittelt ein Gefühl für den Grad von Notwendigkeit, mit dem der Weg der Naturwissenschaft im Laufe der Geschichte vorgeschrieben war, und schützt übrigens die moderne Naturwissenschaft vor dem Vorwurf der Einseitigkeit und Überheblichkeit ... Der Ausgangspunkt der Physik Galileis ist abstrakt und liegt ganz in der Linie, die schon Platon für die Naturwissenschaft vorgezeichnet hatte: Aristoteles hatte noch die wirklichen Bewegungen der Körper in der Natur beschrieben und daher zum Beispiel festgestellt, daß die leichten Körper im allgemeinen langsamer fallen als die schweren; Galilei dagegen stellt die Frage: Wie w ü r d e n die Körper fallen, wenn es keinen Luftwiderstand gäbe; wie fallen die Körper im «leeren Raum»? Es gelingt ihm, die Gesetze dieser theoretischen Bewegung, die sich experimentell stets nur annähernd realisieren läßt, mathematisch zu formulieren. An die Stelle des unmittelbaren Eingehens auf die Vorgänge der Natur, die uns umgibt, tritt die mathematische Formulierung eines Grenzgesetzes, das nur unter extremen Bedingungen nachgeprüft werden kann. Die Möglichkeit, aus den

Naturvorgängen auf einfache, präzis formulierbare Gesetze zu schließen, wird erkauft durch den Verzicht darauf, diese Gesetze unmittelbar auf das Geschehen in der Natur anzuwenden.

Wandlungen in den Grundlagen der Naturwissenschaft. 1943

ALBERT EINSTEIN / LEOPOLD INFELD

Mit dem Übergang von den Gedankengängen des Aristoteles zu denen Galileis wurde der Naturwissenschaft einer ihrer bedeutendsten Grundpfeiler gesetzt. Als dieser Schritt einmal getan war, konnte es über die weitere Entwicklungslinie keinen Zweifel mehr geben.

Die Evolution der Physik. 1956

GERHARD HARIG

Galilei verstand es, das Neue, das von der Astronomie ausging, auf die Mechanik zu übertragen und dadurch die Isoliertheit des kopernikanischen Weltsystems zu überwinden, und zwar nicht etwa dadurch, daß dieses System von den übrigen traditionellen Vorstellungen aufgesogen oder mit ihnen verbunden worden wäre, sondern vielmehr dadurch, daß die traditionellen Vorstellungen auch auf den anderen Gebieten, insbesondere auf dem Gebiet der Mechanik, aufgegeben und durch neue, tiefere abgelöst wurden. Das Neue erwies sich als unüberwindlich, setzte sich durch und führte zu einer Umgestaltung des ganzen naturwissenschaftlichen Weltbildes.

Die Tat des Kopernikus. 1961

CARL FRIEDRICH VON WEIZSÄCKER

Indem Galilei die Wissenschaft der Mechanik begründete, brachte er die Mathematik auf die Erde herab. Hierin folgte er einem anderen griechischen Denker, dem von ihm hoch bewunderten Archimedes. Was Archimedes für die Statik geleistet hatte, wollte er für die Dynamik, die Bewegungslehre, vollbringen. Er hinterließ die Theorie der Nachwelt nicht in vollendeter Form; spätere Physiker, vor allem Huygens und Newton, ja die großen Mathematiker des 18. Jahrhunderts, hatten noch viel hinzuzufügen. Und doch wird man sagen können, daß die entscheidende gedankliche Anstrengung von Galilei geleistet worden ist...

Der historische Tatbestand ist, daß Galilei kein Märtyrer wurde, weil er niemals einer sein wollte. Er war ein Mensch der Spätrenaissance, der das Leben genoß und genießen wollte, und der ein guter und treuer Katholik war, der niemals einen Konflikt mit seiner Kirche gesucht hat. Wahrscheinlich war er ein so guter Katholik und zugleich ein so guter Wissenschaftler, daß er klar einsah, daß das Martyrium ein Zeugnis für religiöse und ethische Überzeugung ist und nicht für wissenschaftliche Wahrheit... Was er wünschte, war, seine Kirche von einem Faktum zu überzeugen. Er wünschte sie davon zu überzeugen, daß die kopernikanische Auffassung richtig, wichtig und in keiner Weise dem katholischen Glauben zuwider sei. Um das zu erreichen, schrieb er Bücher, ließ er Leute durch Fernrohre sehen, führte er Gespräche mit Kardinälen und dem Papst. Als sein Buch verurteilt wurde, war er bereit, es zu «verbessern», und als er zum Abschwören gezwungen wurde, haßte er die Menschen, die ihn in diese Lage gebracht hatten und sprach von ihnen später nie anders als mit kalter Verachtung; aber wir haben keine Andeutung, daß er jemals daran gezweifelt hätte, daß er, wenn diplomatische Mittel ihn nicht retten könnten, sich ins Unvermeidliche ergeben und den Eid gegen Kopernikus leisten würde. Es ist völlig gewiß, daß er in diesem Augenblick dachte: «eppur si muove», «und die Erde bewegt sich doch»; es dürfte ebenso gewiß sein, daß er die Worte nicht ausgesprochen hat, denn er war kein Narr.

Die Tragweite der Wissenschaft. 1964

MAX BORN

Die moderne Wissenschaft entstand am Ausgang des Mittelalters dadurch, daß man sich langsam von der antiken Tradition löste. 1609 fand Galilei die Gesetze des freien Falls und der Wurfbewegung. Etwa zur selben Zeit entdeckte Kepler durch eine sorgfältige und mühevolle Analyse der Beobachtungen des Tycho Brahe, daß die Bahn des Planeten Mars kein Kreis sei, sondern eine Ellipse, und die Bewegung in dieser Bahn nicht gleichförmig, sondern einem andern Gesetz (Keplers zweitem Gesetz) folge.

Damit waren 2000 Jahre alte, eingefrorene Ideen über den Haufen geworfen. Es war eine vollständige Kehrtwendung. Ihre Fruchtbarkeit zeigte sich bald. Newton entwickelte aus den Ansätzen Galileis und Keplers seine Mechanik, und diese wurde die Grundlage der exakten Wissenschaft für die nächsten 200 Jahre.

Von der Verantwortung des Naturwissenschaftlers. 1965

HANS BLUMENBERG

Galileis Mechanik bedeutet so nicht nur die Begründung einer neuen Wissenschaft, sondern die Fundierung eines neuen Selbstbewußtseins der technischen Leistung des Menschen für die Neuzeit, die nun nicht mehr als erschlichene Umgehung der Natur, sondern als legitime Teilnahme an ihrer Gesetzlichkeit erscheint, wenn sie auch das faktisch in der Natur verwirklichte Leistungsmaß zu überbieten vermag. Nicht nur die Einsicht in das Naturgesetz ermöglicht die Technik, sondern die Berufung auf das Naturgesetz legitimiert ihre Resultate. Galileis Nacherfindung des Fernrohrs muß in diesen Zusammenhang gestellt werden, in dem ein Grundkonflikt der Neuzeit angesprochen wird, dessen ungelöste Virulenz noch in Goethes Widerstand gegen Mikroskope und Fernrohre, die den reinen Menschensinn verwirren und das Phänomen in seiner ganzen Einfalt vergewaltigen, und in der modernen Dämonisierung der Technik gegenwärtig ist ...

Wenn an Aristarch und Kopernikus zu rühmen war, daß sie die Vernunft über die sinnliche Anschauung zum Siege geführt hatten, so ist Galileis Zutrauen in das Fernrohr als das Mittel der endgültigen kopernikanischen Evidenz zugleich eine kopernikanische Inkonsequenz. Erst die Enttäuschung, die Galilei mit dem Fernrohr als Offenbarwerden der Ohnmacht der anschaubaren Wahrheit erfahren sollte, führte ihn auf den Weg einer Wissenschaftsidee, die ihre Wahrheit aus der Anschaulichkeit in die Abstraktion hinüberrettet.

Galileo Galilei. Sidereus Nuncius – Nachricht von neuen Sternen
– Dialog über die Weltsysteme ... 1965

GERHARD SZCZESNY

Galilei unterwarf sich der Gewalt, Brecht suchte freiwillig die Unterwerfung. Galilei war ein hartnäckiger Individualist, Brecht ein sozialer Musterschüler. Aber Galilei war als Empörer gegen die Obrigkeit nicht nur Gegenpol Brechts – er war als einer, der seine Kunst heimlich, wie ein Laster betrieb, auch Indentifizierungsobjekt. Die immer schärfer herausgearbeitete Charakteristik Galileis als eines Fressers und Zynikers, der das Leben seiner Tochter zerstört, ist nur verständlich, wenn man sie als – unbewußt-bewußtes – Selbstporträt des Autors sieht. Brecht selbst hat sich als Genüßling und Zyniker gesehen, dessen soziales Wohlverhalten den privaten Anarchismus verbarg – ein Individuum, dem es um sein ganz persönliches Wohlbefinden ging und das die ganzen pompösen politischen und

ästhetischen Ideale nur benützte, um sein privates Lebenskonzept
abzusichern und durchzusetzen.

Brecht, Leben des Galilei – Dichtung und Wirklichkeit. 1966

BERTOLT BRECHT

Galileis Verbrechen kann als die «Erbsünde» der modernen Naturwissenschaften betrachtet werden. Aus der neuen Astronomie, die
eine neue Klasse, das Bürgertum, zutiefst interessierte, so daß sie den
revolutionären sozialen Strömungen der Zeit Vorschub leistete, machte er eine scharf begrenzte Spezialwissenschaft, die sich freilich gerade durch ihre «Reinheit», d. h. ihre Indifferenz zu der Produk-
tionsweise, verhältnismäßig ungestört entwickeln konnte.

Die Atombombe ist sowohl als technisches als auch soziales Phänomen das klassische Endprodukt seiner wissenschaftlichen Leistung
und seines sozialen Versagens.

Aufzeichnungen zu «Leben des Galilei». 1967

BIBLIOGRAPHIE

1. Werke Galileis

Galilei, Galileo: Dialog über die beiden hauptsächlichsten Weltsysteme, das ptolemäische und das kopernikanische. Nach der Ausgabe von 1891 hg. von ROMAN SEXL und KARL VON MEYENN. Stuttgart 1982

Galilei, Galileo: Le Opere di Galileo Galilei. Edizione Nazionale, hg. von ANTONIO FAVARO. 20 Bde. Firenze 1890–1909 [Die Gesamtausgabe enthält auch die beiden ersten italienischen Biographien Galileis: a) Racconto istorica della vita di Galileo, von Vincenzo Viviani. 1654 (Bd. XIX, S. 597–632). b) Vita di Galileo, von Niccolò Sherardini, um 1654 (Bd. XIX, S. 633–646)]

Galileo Galilei: Dal Carteggio e dai Documenti Pagine di vita di Galileo. Bibliotheca Carducciana, Seconda Serie. XXIII. A cura die Iridore del Lungo e Antonio Favaro – Neuausgabe: Eugenio Garin. Firenze 1968

Galilei, Galileo: Operations of the Geometric and Military Compass. Tr. and intr. by STILLMAN DRAKE. Washington 1978

Galilei, Galileo: Schriften, Briefe, Dokumente. Hg. von ANNA MADRY. 2 Bde. München 1987

Galilei, Galileo: Sidereus Nuncius. Hg. und eingeleitet von HANS BLUMENBERG. Frankfurt a. M. 1980

Galilei, Galileo: Unterredungen und mathematische Demonstrationen über zwei neue Wissenszweige, die Mechanik und die Fallgesetze betreffend. Arcetri 6. März 1638. Nachdruck der Ausgabe von 1890–91. Darmstadt 1973

BONELLI, MARIA LUISA: Monstra die di documenti e cimeli Galileiani. Firenze 1964

PASCHINI, P., und P. E. LAMALLE: Vita e Opere di Galileo Galilei. 3 Bde. Città del Vaticano 1964

SCHUMANN, HELLMUT (Hg.): Catalogue 500. Galileo Galilei – His writings, His friends, His Opponents. Zürich 1974

2. Literatur über Galilei

ASOR ROSA, ALBERTO: Galilei e la nuova scienza. Bari 1974 (Letteratura italiana Laterza 27)

BIEBERACH, LUDWIG: Galilei und die Inquisition. München 1938

BLUMENBERG, HANS (Hg.): Galileo Galilei – Sidereus nuncius. Frankfurt a. M. 1980

BRANDMÜLLER, WALTER: Der Fall Galilei. In: Stimmen der Zeit, Heft 11 (Nov.) und 12 (Dez.) 1968

BRANDMÜLLER, WALTER: Galilei und die Kirche oder das Recht auf Irrtum. Regensburg 1982

BRECHT, BERTOLT: Leben des Galilei. Frankfurt a. M. 1963

(BRECHT, BERTOLT:) Materialien zu Brechts ‹Galilei›. Frankfurt a. M. 1963

BROGLIE, LOUIS V. P. R. DE: Galilée et l'aurore de la science moderne. Paris 1965

BUTTS, ROBERT E. (Hg.): New Perspectives on Galileo. Papers deriving from and related to a workshop on Galileo held at Virginia Polytechnic Institute and State University 1975. Dordrecht 1978 (The University of Western Ontario series in philosophy of science, Vol. 14)

CAMPANELLA, TOMMASO: Apologia per Galileo. Milano 1971

DESSAUER, FRIEDRICH: Der Fall Galilei und wir. Frankfurt a. M. 1951

DOTTI, UGO: Galilei. La Vita, il pensiereo, i testi esemplari. Milano 1971 (I memorabili 19)

DRAKE, STILLMAN: Galileo. Oxford 1980

DRAKE, STILLMAN: Galileo at Work: His Scientific Biography. Chicago 1980

DRAKE, STILMMAN: Galileo Studies. Personality, Tradition and Revolution. Ann Arbor 1970

FAVARO, ANTONIO: Galileo Galilei a Padova. Padova 1978 (Comitato per la storia dell'Università di Padova)

FAZIO-ALLMAYER, VITO: Galileo Galilei. Firenze ²1975

FERMI, LAURA: Che cosa ha veramente detto Galileo? Roma 1969

FINOCCHIARO, MAURICE A.: Galileo and the Art of Reasoning. Rhetorical Foundations of Logic and Scientific Method. Dordrecht 1980

FINOCCHIARO, MAURICE A.: Galileo Affair. A Documentary History. Berkley 1989

FISCHER, KLAUS: Galileo Galilei. München 1983

FOELSING, ALBRECHT: Galileo Galilei: Ein Prozeß ohne Ende. Eine Biographie. München 1983

FREIESLEBEN, HANS-CHRISTIAN: Galileo Galilei – Physik und Glaube an der Wende zur Neuzeit. Stuttgart 1956

Galileo Galilei zum 400. Geburtstag. In: Deutsches Museum, Abhandlungen und Berichte, Jahrgang 32, Heft 1, 1964

GEBLER, KARL VON: Galileo Galilei und die Römische Curie. 2 Bde. Stuttgart 1876–1877

GRISAR, HARTMANN: Galileostudien. Regensburg 1882

GÜNTHER, SIEGMUND: Kepler, Galilei. Berlin 1896

HAMANN, GÜNTHER (Hg.): Der Galilei-Prozeß (12. April–22. Juni 1633). Tätigkeitsbericht der Österreichischen Akademie der Wissenschaften 1982/3. Wien 1983

HARIG, GERHARD: Die Tat des Kopernikus. Leipzig 1961

KEPLER, JOHANNES: Dissertio cum Nuncio Sidereo. Prag 1610

KOESTLER, ARTHUR: Die Nachtwandler. Bern–Stuttgart–Wien 1959

KOYRÉ, ALEXANDRE: Galilei Studies. Atlantic Highlands, N. J. 1978

KOYRÉ, ALEXANDRE: Galilei – Die Anfänge der neuzeitlichen Wissenschaft. Berlin 1988

LAEMMEL, RUDOLF: Galileo Galilei und sein Zeitalter. Zürich 1942

LEVERE, TREVOR H., und WILLIAM R. SHEA (Hg.): Nature, Experiment, and the Sciences. Essays on Galileo and the History of Sciencesin Honour of Stillman Drake. Dordrecht 1990

MCMULLIN, ERNAN: Galilei – Man of Science. New York 1968

MERLEAU-PONTY, JACQUES: Leçons sur la genèse des théories physiques. Galilée, Ampère, Einstein. Paris 1974

MORPHET, CLIVE: Galileo and Copernican Astronomy. A Scientific World View Defined. London 1977

Müller, Adolf: Der Galileiprozeß nach Ursprung, Verlauf und Folgen. Freiburg i. B. 1909

Müller, Adolf: Galileo Galilei und das Kopernikanische Weltsystem. Freiburg i. B. 1909

Namer, Émile: L'Affaire Calilée. Paris 1975 (Collection Archives 58)

Namer, Émile: Le beau Roman de la physique cartésienne et la science exacte de Galiléo. Paris 1979

Nemeth, László: Galilei. Historisches Drama. Stuttgart 1965

Olschki, Leonardo: Galilei und seine Zeit. Halle 1927

Panofsky, Erwin: Galilée, critique d'art. Paris 1983

Poupard, Paul: Galileo Galilei: 350 ans d'histoire 1633–1983. Paris 1984

Prechtel, Robert: Giordano Bruno und Galilei. München 1947

Redoni, Pietro: Galileo eretico. Turin 1983

Righini Bonelli, Maria Luisa: Vita di Galileo. Firenze 1974

Ronan, Colin A.: Galileo. London 1974

Schmutzer, Ernst, und Wilhelm Schütz: Galileo Galilei. Leipzig 1983

Schumacher, Ernst: Der Fall Galilei – Das Drama der Wissenschaft. Berlin 1964

Seeger, Raymond John: Galileo Galilei. His Life and His Works. Oxford 1966

Shapere, Dudley: Galileo. A Philosophical Study. Chicago 1974

Shea, William R.: Galileo's Intellectual Revolution, Middle Period 1610–1632. London 1972

Šolle, Zdenko: Neue Gesichtspunkte zum Galilei-Prozeß. (Mit neuen Akten aus böhmischen Archiven.) Wien 1980

Soppelsa, Marialaura: Genesi de metodo galileiano e tramonto dell'aristotelismo nella Scuola di Padova. Padova 1974

Suggett, Martin: Galileo and the Birth of Modern Science. Sussex 1981

Szczesny, Gerhard: Das Leben des Galilei und der Fall Bertolt Brecht. Frankfurt a. M. 1966 (Dichtung und Wirklichkeit 5)

Védrine, Hélène: Censure et pouvoir. Trois procès: Savonarola, Bruno, Galilée. Paris 1976

Viganò, Mario: Il mancato dialogo tra Galileo e i teologi. Roma 1969

Wallace, William A.: Prelude to Galilei. Essays on Medieval and 16th Century Sources of Galileo's Thought. Dordrecht 1981

Wallace, William A.: Galileo and His Sources. The Heritage of the Collegio Romano in Galileo's Science. Princeton 1984

Wlassics, Tibor: Galilei critico letterario. Ravenna 1974 (Il Portico 52: Sezione Letteratura italiana)

Wohlwill, Emil: Galilei und sein Kampf für die Copernicanische Lehre. 2 Bde. Hamburg–Leipzig 1909

3. Allgemeine Literatur

Arrhenius, Svant: Die Vorstellung vom Weltgebäude im Wandel der Zeiten. Leipzig 1911

Bamm, Peter: Ex ovo, Stuttgart 1956

Baumgardt, Carola: Kepler – Leben und Briefe. Wiesbaden 1951

BAVINK, BERNHARD: Was ist Wahrheit in den Naturwissenschaften? Wiesbaden 1947

BLUMENBERG, HANS: Die kopernikanische Wende. Frankfurt a. M. 1965

BLUMENBERG, HANS: Die Genesis der kopernikanischen Welt. Frankfurt a. M. 1975

BOAS, MARIE: Die Renaissance der Naturwissenschaften 1450–1630 – Das Zeitalter des Kopernikus. Gütersloh 1965

BÖHM, WALTER: Johannes Philoponos. Paderborn 1967

BOIS-REYMOND, EMIL DU: Reden. Leipzig 1886

BONELLY, M., und W. SHEA (Hg.): Reason, Experiment and Mysticism in the Scientific Revolution. New York 1975

BORN, MAX: Von der Verantwortung des Naturwissenschaftlers. München 1965

BRUNO, GIORDANO: Kabbala, Kyllenischer Esel, Reden, Inquisitionsakten. Ins Deutsche übertragen von L. Kuhlenbeck. Jena 1909

BRUNO, GIORDANO: Das Aschermittwochsmahl. Ins Deutsche übertragen von L. Kuhlenbeck. Leipzig 1904

CALDER, RITCHIE: Die Naturwissenschaft. München 1957

CHAUCHARD, PAUL: Naturwissenschaft und Katholizismus. Olten–Freiburg i. B. 1962

CROMBIE, A. C.: Von Augustinus bis Galilei. Köln–Berlin 1959

CUES, NICOLAUS VON: Der Laie über Versuche mit der Waage. Leipzig 1944

DANNEMANN, FRIEDRICH: Die Naturwissenschaften in ihrer Entwicklung und in ihrem Zusammenhange. 2 Bde. Leipzig 1910–1911

DIJKSTERHUS, E. J.: Die Mechanisierung des Weltbildes. Berlin–Göttingen–Heidelberg 1956

FÜLÖP-MILLER, RENÉ: Macht und Geheimnis der Jesuiten. München 1960

GERLACH, WALTHER: Humanität und naturwissenschaftliche Forschung. Braunschweig 1962

HALL, A. RUPERT: Die Geburt der naturwissenschaftlichen Methode 1630–1720 – Von Galilei bis Newton. Gütersloh 1965

HEIDELBERGER, MICHAEL, und SIGRUN THIESSEN: Natur und Erfahrung. Von der mittelalterlichen zur neuzeitlichen Naturwissenschaft. Reinbek 1981

HEISENBERG, WERNER: Wandlungen in den Grundlagen der Naturwissenschaft. Leipzig 1943

HEISENBERG, WERNER: Physik und Philosophie. Stuttgart 1959

HEITLER, WALTER: Der Mensch und die naturwissenschaftliche Erkenntnis. Braunschweig 1961

HEMLEBEN, JOHANNES: Paracelsus. Revolutionär, Arzt und Christ. Frauenfeld–Stuttgart 1974

HEMLEBEN, JOHANNES: «Das haben wir nicht gewollt.» Sinn und Tragik der Naturwissenschaft. Stuttgart 1978

HERZFELD, MARIE: Leonardo Da Vinci – Der Denker, Forscher und Poet. Jena 1911

HOWE, GÜNTER: Mensch und Physik. Witten–Berlin 1963

HUNGER, EDGAR: Von Demokrit bis Heisenberg. Braunschweig 1960

HUNKE, SIGRID: Glauben und Wissen. Die Einheit europäischer Religion und Naturwissenschaft. Düsseldorf–Wien 1979

JORDAN, PASCUAL: Der gescheiterte Aufstand. Frankfurt a. M. 1956

JORDAN, PASCUAL: Der Naturwissenschaftler vor der religiösen Frage. Oldenburg–Hamburg 1963

KEPLER, JOHANNES: Die Zusammenklänge der Welten. Hg. und übersetzt von OTTO J. BRYK

KESTEN, HERMANN: Copernicus und seine Welt. München–Wien–Basel 1953

KOYRÉ, ALEXANDRE: Metaphysics and Measurement: Essays in the Scientific Revolution. Cambridge/Mass. 1968

KOYRÉ, ALEXANDRE: Von der geschlossenen Welt zum unendlichen Universum. Frankfurt a. M. 1969

KUHLENBECK, LUDWIG: Bruno, der Märtyrer der neuen Weltanschauung. Leipzig 1899

LEHRS, ERNST: Mensch und Materie. Frankfurt a. M. 1966

LENARD, PHILIPP: Große Naturforscher – Eine Geschichte der Naturforschung in Lebensbeschreibungen. München 1937

LORENZ, KONRAD: Das sogenannte Böse. Wien 1963

PROWE, LEOPOLD: Nicolaus Coppernicus. 2 Bde. Berlin 1883–1884

RUSSELL, BERTRAND: Das naturwissenschaftliche Zeitalter. Wien 1953

STEINER, RUDOLF: Kopernikus und seine Zeit. Vortrag. Berlin 1912

STEINER, RUDOLF: Die Rätsel der Philosophie. 2 Bde. Dornach 1924–1926

STEINER, RUDOLF: Der Entstehungsmoment der Naturwissenschaft in der Weltgeschichte. Dornach 1937

STEINER, RUDOLF: Goethes Weltanschauung. Dornach 1963

TEICHMANN, JÜRGEN: Wandel des Weltbildes. Astronomie, Physik und Meßtechnik in der Kulturgeschichte. Reinbek 1985

WAGNER, FRIEDRICH: Die Wissenschaft und die gefährdete Welt. München 1964

WAWILOW, SERGEJ IWANOWITSCH: Isaac Newton. Berlin 1951

WEIZSÄCKER, CARL FRIEDRICH VON: Die Geschichte der Natur. Göttingen 1948

WEIZSÄCKER, CARL FRIEDRICH VON: Zum Weltbild der Physik. Stuttgart 1958

WEIZSÄCKER, CARL FRIEDRICH VON: Die Tragweite der Wissenschaft. Stuttgart 1964

ZILSEL, EDGAR: Die sozialen Ursprünge der neuzeitlichen Wissenschaft. Frankfurt a. M. 1976

NAMENREGISTER

Die kursiv gesetzten Zahlen bezeichnen die Abbildungen

Aegidius, Clemens 116
Agginuti, Niccolò 132
Altella, Niccolò dell' 117
Ambrogetti, Pater 146
Ammannati, Giulia di Cosimo di Ventura degli s. u. Giulia Galilei
Antonini, Alfonso 148
Antonius von Padua 33
Archimedes 23, 26, 27, *142*
Aristarchos von Samos 22
Aristoteles 19 f, 27, 71 f, 75 f, 80, 83, 87, 103, 109, 113, 142, *72, 111*
Augustinus, Aurelius 92

Barberini, Francesco, Kardinal 119, 136, 147
Barberini, Maffeo s. u. Urban VIII.
Bartoluzzi, Giovanni 39
Bellarmin, Robert, Kardinal (Roberto Bellarmino) 69 f, 89 f, 94, 96, 98, 99 f, 120, 122, 123, *68*
Benedetti, Johann Baptista 26 f, 142
Bentivoglio, Guido, Kardinal 131
Bernegger, Matthias 140 f
Blumenberg, Hans 23, 48
Böhm, Walter 27
Böhme, Jakob 157
Bohr, Niels 156
Borghese, Camillo s. u. Paul V.
Borghese, Kardinal 95
Born, Max 156
Brahe, Tycho 82, 103, 104, 109, 153, *82*
Brecht, Bertolt 46
Bruno, Giordano (Filippo Bruno)

8, 9 f, 32, 33, 69, 77, 129, 157, *12, 128*
Brutius, Edmund 77
Busch, Ernst 47

Caccini, Tommaso 87 f, 93
Calvin, Johann (Jean Cauvin) 143
Campanella, Tommaso 118
Capiferreus, Francescus Magdalenus 97
Cardanus, Hieronymus (Geronimo Cardano) 26
Carus, Carl Gustav 157
Castelli, Benedetto 74, 75, 83 f, 86 f, 91, 98, 116, 118, 146, 150
Cavalieri, Francesco Bonaventura 118
Cesarini, Virginio 95, 106, 107
Cesi, Fürst Federico 66 f, 74, 79, 88, 90, 94, 107, 116
Christine, Großherzogin von Toscana s. u. Christine de' Medici
Ciampoli, Giovanni 88, 103, 107
Cigoli 74, 79
Clavius, Christoph 23, 69, 83, 88
Colombe, Ludovico delle 60 f, 73 f, 83
Coresi, Giorgio 73 f
Cosimo II., Großherzog von Toscana s. u. Cosimo II. de' Medici
Cremonini, Caesar 32, 70

Dannemann, Friedrich 144
Dini, Piero 88, 89 f, 93
Diodati, Elia 136, 140 f
Donatello (Donato di Niccolò di Betto Bardi) 34

Einstein, Albert 156
d'Elci, Arturo 73 f
d'Este, Alessandro, Kardinal 95
Eugen III., Papst 126
Euklid 19, 23, 35, 83, 142

Fabrizius, David 78
Fabrizius, Johann 78
Favaro, Antonio 65, 73
Ferdinand, Erzherzog s. u. Ferdinand II., Kaiser
Ferdinand I., Großherzog von Toscana s. u. Ferdinando I. de' Medici
Ferdinand II., Kaiser 42, 143
Ferdinand II., Großherzog von Toscana s. u. Ferdinando II. de' Medici
Ferrari, Ludovico 26
Fichte, Immanuel Hermann von 157
Fichte, Johann Gottlieb 157
Foscarini, Paolo Antonio 93 f, 97, 98, 140, 153
Fra Angelico (Guido di Pietro) 126, 127

Galenus 19, 20
Galilei, Giulia 17, 30, 108
Galilei, Livia 17, 30
Galilei, Michelangelo 17
Galilei, Sestilia 151
Galilei, Vincenzio 39, 108, 151
Galilei, Vincenzio di Michelangelo di Giovanni 16 f, 22, 25, 27, 30
Galilei, Virginia 17, 30
Gamba, Livia 39, 108
Gamba, Marina 39, 62
Gamba, Vincenzio s. u. Vincenzio Galilei
Gamba, Virginia 39, 108, 133 f, 138

Gassendi, Petrus (Pierre Gassend) 118
Gatamelata (Erasmo da Narni) 34
Gebler, Karl von 121
Gessi, Kardinal 131
Ginetti, Kardinal 131
Giotto di Bondone 34
Goethe, Johann Wolfgang von 76, 116, 157, 158
Grassi, Horatio 103 f, 116
Grazia, Vincenzio di 73 f
Grienberger, Christoph 70, 88 f, 99
Grotius, Hugo (Huig de Groot) 118
Gualdo, Paolo 71, 81
Guericke, Otto von 144
Guicciardini, Pietro 94
Guiducci, Mario 103, 109, 132

Hegel, Georg Wilhelm Friedrich 157
Herder, Johann Gottfried von 157
Hippokrates 20
Horky, Martin 50 f
Humboldt, Alexander von 157
Hus, Jan 9
Huygens, Christiaan 144, 154

Ignatius von Loyola (Íñigo López de Recalde) 99
Inchhofer, Melchior 122
Ingoli, Francesco 109 f

Johann Friedrich, Prinz von Holstein und Graf von Oldenburg 42
Johannes 155
Jordan, Pascual 157
Jungius, Joachim 32

Kant, Immanuel 116

Kepler, Johannes 36 f, 48, 52, 58,
    60, 61, 75, 77, 82, 90, 93, 140,
    153, 157, *38, 59*
König, Franz, Kardinal 9
Kopernikus, Nikolaus 11, 12, 22,
    37, 46, 50, 64, 77, 80 f, 83 f,
    87, 89 f, 92 f, 95, 97, 98, 99,
    100, 102, 104, 109, 112, 113,
    119, 122, 123, 126, 128 f, 142,
    153, 157, *13, 63, 81, 111*

Laemmel, Rudolf 121
Landini, Battista 118
Landino, Cristoforo 23
Leonardo da Vinci 41, 142
Leopold, Erzherzog 100, 102, 103,
    110
Leopold von Toscana s. u. Leo-
    poldo de' Medici
Lessing, Gotthold Ephraim 77
Liceti, Fortunio 149
Livius, Titus 31
Lomonossow, Michail W. 154 f
Lorini, Niccolò 86 f, 93
Luther, Martin 75, 83, 143
Lutz, Regine 47

Maculano 122
Magini, Giovanni Antonio 50 f
Magiotti 118
Malcotio, Odo 70
Maria Celeste s. u. Virginia
    Gamba
Marx, Karl 76
Mästlin, Michael 38
Mazzoleni, Marcantonio 42
Mazzone, Jacopo 27
de' Medici, Christine, Großher-
    zogin von Toscana 91, 93, 140
de' Medici, Cosimo II., Großher-
    zog von Toscana 52 f, 67, 74,
    98, 108, *55*
de' Medici, Ferdinando I., Groß-
    herzog von Toscana 52

de' Medici, Ferdinando II., Groß-
    herzog von Toscana 107, 108,
    120, 153, *121*
de' Medici, Giovanni 30, 74
de' Medici, Giuliano 60, 61
de' Medici, Leopoldo 149
de' Medici, Maria Magdalene,
    Großherzogin von Toscana 74
Mellinus, Kardinal 100
Micanzio, Fulgenzio 149
Michelangelo Buonarroti 14, 126,
    153
Moletti, Giuseppe 23, 31
Monte, Marchese Guidobaldo dal
    23, 30
Monte, Francesco Maria dal,
    Kardinal 67, 89, 95, 98
Moses 155
Muzzarelli, Giovanni 147

Newton, Sir Isaac 14, 27, 28,
    144, 153 f, 156, 157, 158
Niccolini, G. 153
Nicolinus, Petrus 116
Nigg, Walter 10
Nikolaus V., Papst 126
Nikolaus von Kues (Nikolaus
    Chrypffs) 142, 157
Noailles, Graf von 143
Novalis (Georg Philipp Friedrich
    von Hardenberg) 157

Olschki, Leonardo 26
Oppenheimer, Jacob Robert 156
Oregio, Kardinal 122
Orsini, Kardinal 95, 98, 100, 102
Osiander, Andreas 89

Paracelsus, Philippus Areolus
    Theophrastus (Theophrastus
    Bombastus von Hohenheim)
    157
Pasqualigo, Zaccaria 122
Paul III., Papst 12

Paul V., Papst 65 f, 99, *65*
Paul VI., Papst 156
Paulus 155
Peri, Dino 132, 146
Philipp, Landgraf von Hessen 42
Philoponos, Johannes 27, 142
Picchena, Curzio 94, 98
Piccolomini, Ascanio, Erzbischof 132
Planck, Max 156
Priuli, Antonio 44
Ptolemäus, Claudius (Klaudios Ptolemaios) 20 f, 25, 83 f, 89, 104, 109, 123, 142, *111*
Pythagoras 142

Querenghi, Antonio 95

Randolfini, Filippo 132
Riccardi, Niccolò 106, 114, 117, 118, 129
Ricci, Ostilio 18 f, 22
Rinuccini, Francesco 132
Rudolf II., Kaiser 60
Rutherford of Nelson and Cambridge, Ernest, Lord 156

Sagredo, Giovanni Francesco 41, 62 f, 74, 98, 112 f
Salviati, Filippo 65, 79, 122 f
Santi, Leon 118
Sarsi, Lothario s. u. Horatio Grassi
Savonarola, Girolamo 9
Scheiner, Christoph 78 f, 80, 99, 116, *78/79*
Schelling, Friedrich Wilhelm Joseph von 157
Schopenhauer, Arthur 157
Schubert, Gotthilf Heinrich 157

Seghizzi de Lauda, Michael Angelo 96
Segni, Lorenzo di Giovanni Battista 108
Serristori 118
Servet, Miguel 9
Sestini, Alessandro 108
Sfondrati, Kardinal 97
Shakespeare, William 14
Steffens, Henrik 157
Steiner, Rudolf 76, 77, 158
Stunica, Didacus da 97

Tartaglia, Niccolò (Niccolò Fontana) 25 f, 142
Teller, Edward 156
Thomas von Aquin 19, 76, 80, 87, *18*
Torricelli, Evangelista 118, 144, 146 f, 151, 153, *147*
Troxler, Ignaz Paul Vital 157

Urban VIII., Papst 89, 106 f, 112, 114, 118, 119 f, 135, 153, *105*

Valerio, Luca 79
Vellutello, Alessandro 23
Versepius, Kardinal 131
Vesal, Andreas 33
Vespucci, Vincenzo 54, 57
Vinta, Belisario 41, 57, 64
Viviani, Vincenzo 19, 20, 22, 28, 42, 146 f, 151, 153

Welser, Markus 78, 80, 82
Władysław IV., König von Polen 143
Wohlwill, Emil 52, 64, 73, 95, 103, 109, 121, 153

ÜBER DEN AUTOR

Johannes Hemleben, Jahrgang 1899. Studium der Naturwissenschaften. 1922 Promotion mit einer Arbeit über pflanzliche Genetik. Nach einigen Jahren wissenschaftlicher Tätigkeit: Wechsel in die Theologie und Eintritt in die anthroposophisch orientierte Christengemeinschaft. Berufsverbot unter dem Nazi-Regime. Seit 1949 von Hamburg aus Lenker in der Christengemeinschaft. Bemühung um eine Synthese von Religion, Naturwissenschaft und Philosophie. Vortragsreisen in Mitteleuropa und Skandinavien. Erste Publikation: «Symbole der Schöpfung», 1930. Seit 1963 für «rowohlts monographien»: Rudolf Steiner, Ernst Haeckel, Pierre Teilhard de Chardin, Charles Darwin, Galileo Galilei und Johannes Kepler, Biographie des Paracelsus (1973); «Jenseits», Reinbek 1975; «Diesseits», Reinbek 1980. Johannes Hemleben starb 1984.

QUELLENNACHWEIS DER ABBILDUNGEN

Uffizien, Florenz: Umschlagvorderseite / Alinari, Florenz: 6, 21, 45, 53, 145, 147 / Markus Lutz: 8, 12, 124 oben und unten / Rowohlt Archiv: 10/11, 18, 43, 51 unten, 61, 72, 85, Umschlagrückseite / Ullstein Bilderdienst: 13, 24/25, 38, 63, 81, 128, 130 / Christoph Hemleben: 15, 16, 17, 32, 133, 136, 137, 138/139, 140/141 / Fotorapida Terni: 29 / Slg. Johannes Hemleben: 30/31, 35, 49, 55, 59, 65, 68, 74, 78/79, 101, 105, 110, 111, 115, 117, 121, 125, 142, 150, 151, 158 / Belfoto, Milano: 34 / Anderson, Rom: 36 / B. Facchinelli, Padua: 37 / Katalog der Ausstellung «Galileo Galilei 1564–1964»: 40, 51 oben, 66/67 / Willy Saeger: 47 / G. Giusti di S. Becocci: 56/57, 60, 152 / Grafia, Rom: 69 / Statens Kobberstiksamlinger, Kopenhagen: 82 / Ferraguti: 86 / Vasari, Rom: 127 / Stefano Venturini, Siena: 134 / S. A. F. Mailand: 135

rowohlts monographien
Begründet von Kurt Kusenberg, herausgegeben von Wolfgang Müller.

Eine Auswahl:

Medizin / Psychologie

Alfred Adler
dargestellt von Josef Rattner
(189)

Anna Freud
dargestellt von
Wilhelm Salber
(343)

Sigmund Freud
dargestellt von
Octave Mannoni
(178)

Erich Fromm
dargestellt von Rainer Funk
(322)

C. G. Jung
dargestellt von Gerhard Wehr
(152)

Alexander Mitscherlich
dargestellt von
Hans-Martin Lohmann
(365)

Wilhelm Reich
dargestellt von
Bernd A. Laska
(298)

Naturwissenschaft

Charles Darwin
dargestellt von
Johannes Hemleben
(137)

Thomas Alva Edison
dargestellt von Fritz Vögtle
(305)

Albert Einstein
dargestellt von
Johannes Wickert
(162)

Isaac Newton
dargestellt von Johannes
Wickert. Erhältlich ab
Februar '95
(347)

Alfred Nobel
dargestellt von Fritz Vögtle
(319)

Max Planck
dargestellt von
Armin Hermann
(198)

Rudolf Virchow
dargestellt von Heinrich
Schipperges
(501)

Ein Gesamtverzeichnis der Reihe *rowohlts monographien* finden Sie in der *Rowohlt Revue*. Jedes Vierteljahr neu. Kostenlos in Ihrer Buchhandlung.

Geschichte / Politik

rowohlts monographien
Begründet von Kurt Kusenberg, herausgegeben von Wolfgang Müller.

Eine Auswahl:

Konrad Adenauer
dargestellt von Gösta von Uexküll
(234)

Günther Anders
dargestellt von Elke Schubert
(431)

Otto von Bismarck
dargestellt von Wilhelm Mommsen
(122)

Willy Brandt
dargestellt von Carola Stern
(232)

Che Guevara
dargestellt von Elmar May
(207)

Heinrich VIII.
dargestellt von Uwe Baumann
(446)

Adolf Hitler
dargestellt von Harald Steffahn
(316)

Iwan IV. der Schreckliche
dargestellt von Reinhold Neumann-Hoditz
(435)

Karl der Große
dargestellt von Wolfgang Braunfels
(187)

Kemal Atatürk
dargestellt von Bernd Rill
(346)

John F. Kennedy
dargestellt von Alan Posener
(393)

Mao Tse-tung
dargestellt von Tilemann Grimm
(141)

Josef W. Stalin
dargestellt von Maximilien Rubel
(224)

Claus Schenk Graf von Stauffenberg
dargestellt von Harald Steffahn
(520)

Die Weiße Rose
dargestellt von Harald Steffahn
(498)

Ein Gesamtverzeichnis der Reihe *rowohlts monographien* finden Sie in der *Rowohlt Revue*. Jedes Vierteljahr neu. Kostenlos. In Ihrer Buchhandlung.

rowohlts monographien

Kunst

rowohlts monographien
Begründet von Kurt Kusenberg, herausgegeben von Wolfgang Müller.

Eine Auswahl:

Ernst Barlach
dargestellt von Catherine Krahmer
(335)

Hieronymus Bosch
dargestellt von Heinrich Goertz
(237)

Paul Cézanne
dargestellt von Kurt Leonhard
(114)

Max Ernst
dargestellt von Lothar Fischer
(151)

Vincent van Gogh
dargestellt von Herbert Frank
(239)

Francisco de Goya
dargestellt von Jutta Held
(284)

Wassily Kandinsky
dargestellt von Peter A. Riedl
(313)

Käthe Kollwitz
dargestellt von Catherine Krahmer
(294)

Le Corbusier
dargestellt von Norbert Huse
(248)

Leonardo da Vinci
dargestellt von Kenneth Clark
(153)

Michelangelo
dargestellt von Heinrich Koch
(124)

Joan Miró
dargestellt von Hans Platschek
(409)

Pablo Picasso
dargestellt von Wilfried Wiegand
(205)

Rembrandt
dargestellt von Christian Tümpel
(251)

Henri de Toulouse-Lautrec
dargestellt von Matthias Arnold
(306)

Andy Warhol
dargestellt von Stefana Sabin
(485)

rowohlts monographien

Ein Gesamtverzeichnis der Reihe *rowohlts monographien* finden Sie in der *Rowohlt Revue*. Jedes Vierteljahr neu. Kostenlos. In Ihrer Buchhandlung.

Literatur

rowohlts monographien
Begründet von Kurt Kusenberg, herausgegeben von Wolfgang Müller.

Eine Auswahl:

Alfred Andersch
dargestellt von Bernhard Jendricke
(395)

Lou Andreas-Salomé
dargestellt von Linde Salber
(463)

Simone de Beauvoir
dargestellt von Christiane Zehl Romero
(260)

Wolfgang Borchert
dargestellt von Peter Rühmkorf
(058)

Lord Byron
dargestellt von Hartmut Müller
(297)

Raymond Chandler
dargestellt von Thomas Degering
(377)

Charles Dickens
dargestellt von Johann N. Schmidt
(262)

Lion Feuchtwanger
dargestellt von Reinhold Jaretzky
(334)

Theodor Fontane
dargestellt von Helmuth Nürnberger
(145)

Maxim Gorki
dargestellt von Nina Gourfinkel
(009)

Brüder Grimm
dargestellt von Hermann Gerstner
(201)

Friedrich Hölderlin
dargestellt von Ulrich Häussermann
(053)

Homer
dargestellt von Herbert Bannert
(272)

Henrik Ibsen
dargestellt von Gerd E. Rieger
(295)

James Joyce
dargestellt von Jean Paris
(040)

Ein Gesamtverzeichnis der Reihe *rowohlts monographien* finden Sie in der *Rowohlt Revue*. Jedes Vierteljahr neu. Kostenlos. In Ihrer Buchhandlung.

Literatur

rowohlts monographien
Begründet von Kurt Kusenberg, herausgegeben von Wolfgang Müller.

Eine Auswahl:

Thomas Bernhard
dargestellt von Hans Höller
(504)

Agatha Christie
dargestellt von Herbert Kraft
(493)

Annette von Droste-Hülshoff
dargestellt von Herbert Kraft
(517)

Franz Kafka
dargestellt von Klaus Wagenbach
(091)

Heinar Kipphardt
dargestellt von Adolf Stock
(364)

Gotthold Ephraim Lessing
dargestellt von Wolfgang Drews
(075)

Jack London
dargestellt von Thomas Ayck
(244)

Molière
dargestellt von Friedrich Hartau
(245)

Marcel Proust
dargestellt von Claude Mauriac
(015)

Friedrich Schlegel
dargestellt von Ernst Behler
(123)

Anna Seghers
dargestellt von Christiane Zehl Romero
(464)

Theodor Storm
dargestellt von Hartmut Vinçon
(186)

Jules Verne
dargestellt von Volker Dehs
(358)

Oscar Wilde
dargestellt von Peter Funke
(148)

Stefan Zweig
dargestellt von Hartmut Müller
(413)

Ein Gesamtverzeichnis der Reihe *rowohlts monographien* finden Sie in der *Rowohlt Revue*. Jedes Vierteljahr neu. Kostenlos in Ihrer Buchhandlung.

4505//4a

Musik

rowohlts monographien
Begründet von Kurt Kusenberg, herausgegeben von Wolfgang Müller.

Eine Auswahl:

Louis Armstrong
dargestellt von Ilse Storb
(443)

Johann Sebastian Bach
dargestellt von Martin Geck
(511)

Ludwig van Beethoven
dargestellt von Fritz Zobeley
(103)

George Bizet
dargestellt von Christoph Schwandt
(375)

Frédéric Chopin
dargestellt von Jürgen Lotz
(564)

Hanns Eisler
dargestellt von Fritz Hennenberg
(370)

Felix Mendelssohn Bartholdy
dargestellt von Hans Christoph Worbs
(215)

Wolfgang Amadeus Mozart
dargestellt von Fritz Hennenberg
(523)

Elvis Presley
dargestellt von Alan und Maria Posener
(495)

Giacomo Puccini
dargestellt von Clemens Höslinger
(325)

Gioacchino Rossini
dargestelt von Volker Scherliess
(467)

Heinrich Schütz
dargestellt von Michael Heinemann
(490)

Richard Strauss
dargestellt von Walter Deppisch
(146)

Richard Wagner
dargestellt von Hans Mayer
(029)

Ein Gesamtverzeichnis der Reihe *rowohlts monographien* finden Sie in der *Rowohlt Revue*. Jedes Vierteljahr neu. Kostenlos. In Ihrer Buchhandlung.

rowohlts monographien

4503/3

Philosophie

rowohlts monographien
Begründet von Kurt Kusenberg, herausgegeben von Wolfgang Müller.

Eine Auswahl:

Theodor W. Adorno
dagestellt von Hartmut Scheible
(400)

Hannah Arendt
dargestellt von Wolfgang Heuer
(379)

Aristoteles
dargestellt von J.-M. Zemb
(063)

Ludwig Feuerbach
dargestellt von Hans-Martin Sass
(269)

Johann Gottlieb Fichte
dargestellt von Wilhelm G. Jacobs
(336)

Immanuel Kant
dargestellt von Uwe Schultz
(101)

Konfuzius
dargestellt von Pierre Do-Dinh
(042)

Karl Marx
dargestellt von Werner Blumenberg
(076)

Platon
dargestellt von Gottfried Martin
(150)

Karl Popper
dargestellt von Manfred Geier. Erhältlich ab September '94
(468)

Jean-Paul Sartre
dargestellt von Walter Biemel
(087)

Max Scheler
dargestellt von Wilhelm Mader
(290)

Rudolf Steiner
dargestellt von Christoph Lindenberg
(500)

Max Weber
dargestellt von Hans Norbert Fügen
(216)

Der Wiener Kreis
dargestellt von Manfred Geier
(508)

Ein Gesamtverzeichnis der Reihe *rowohlts monographien* finden Sie in der *Rowohlt Revue*. Jedes Vierteljahr neu. Kostenlos. In Ihrer Buchhandlung.

4501/3

Religion

rowohlts monographien
Begründet von Kurt Kusenberg, herausgegeben von Wolfgang Müller.

Eine Auswahl:

Augustinus
dargestellt von Henri Marrou
(008)

Martin Buber
dargestellt von Gerhard Wehr
(147)

Buddha
dargestellt von Volker Zotz
(477)

Franz von Assisi
dargestellt von Veit-Jakobus Dieterich. Erhältlich ab Februar '95
(016)

Ulrich von Hutten
dargestellt von Eckhard Bernstein
(394)

Jesus
dargestellt von David Flusser
(140)

Johannes der Evangelist
dargestellt von Johannes Hemleben
(194)

Johannes XXIII.
dargestellt von Helmuth Nürnberger
(340)

Martin Luther King
dargestellt von Gerd Presler
(333)

Meister Eckhart
dargestellt von Gerhard Wehr
(376)

Mohammed
dargestellt von Émile Dermenghem
(047)

Moses
dargestellt von André Neher
(094)

Paulus
dargestellt von Claude Tresmontant
(023)

Albert Schweitzer
dargestellt von Harald Steffahn
(263)

Paul Tillich
dargestellt von Gerhard Wehr
(274)

Simone Weil
dargestellt von Angelika Krogmann
(166)

rowohlts monographien

Ein Gesamtverzeichnis der Reihe *rowohlts monographien* finden Sie in der *Rowohlt Revue*. Jedes Vierteljahr neu. Kostenlos. In Ihrer Buchhandlung.

4500/3

Theater / Film

rowohlts monographien
Begründet von Kurt Kusenberg, herausgegeben von Wolfgang Müller.

Ingmar Bergman
dargestellt von Eckhard Weise
(366)

Humphrey Bogart
dargestellt von Peter Körte
(486)

Luis Buñuel
dargestellt von
Michael Schwarze
(292)

Charlie Chaplin
dargestellt von Wolfram Tichy
(219)

Walt Disney
dargestellt von
Reinhold Reitberger
(226)

Eleonora Duse
dargestellt von Doris Maurer
(388)

Federico Fellini
dargestellt von Michael Töteberg
(455)

Gustaf Gründgens
dargestellt von
Heinrich Goertz
(315)

Alfred Hitchcock
dargestellt von Bernhard Jendricke
(420)

Buster Keaton
dargestellt von Wolfram Tichy
(318)

Fritz Lang
dargestellt von Michael Töteberg
(339)

Pier Paolo Pasolini
dargestellt von Otto Schweitzer
(354)

Erwin Piscator
dargestellt von Heinrich Goertz
(221)

Max Reinhardt
dargestellt von
Leonhard M. Fiedler
(228)

Karl Valentin
dargestellt von
Michael Schulte
(144)

rowohlts monographien

Ein Gesamtverzeichnis der Reihe *rowohlts monographien* finden Sie in der *Rowohlt Revue*. Jedes Vierteljahr neu. Kostenlos in Ihrer Buchhandlung.

4507/3